中国地质科学院年报

2015

中国地质科学院　编

地质出版社

·北　京·

内 容 提 要

　　本书客观记录了中国地质科学院 2015 年度科技发展、代表性研究成果、重点实验室建设、国际合作交流、研究生培养教育及期刊出版等方面的情况，系统地展示了中国地质科学院 2015 年度主要成就。

　　本书可供从事地球科学研究、国土资源科技管理的工作人员及相关专业的高等院校师生参阅。

图书在版编目（CIP）数据

　　中国地质科学院年报 . 2015/ 中国地质科学院编 .
—北京：地质出版社，2016. 8
　　ISBN 978-7-116-09832-9

　　Ⅰ. ①中⋯　Ⅱ. ①中⋯　Ⅲ. ①地质学－研究－中国－
2015－年报　Ⅳ. ① P5-54

　　中国版本图书馆 CIP 数据核字（2016）第 169075 号

Zhongguo Dizhi Kexueyuan Nianbao 2015

责任编辑：	田　野
责任校对：	王素荣
出版发行：	地质出版社
社址邮编：	北京海淀区学院路 31 号，100083
电　　话：	(010) 66554528（邮购部）；(010) 66554631（编辑室）
网　　址：	http：//www.gph.com.cn
传　　真：	(010) 66554686
印　　刷：	北京地大天成印务有限公司
开　　本：	889mm×1194mm　$1/16$
印　　张：	8.5
字　　数：	220 千字
版　　次：	2016 年 8 月北京第 1 版
印　　次：	2016 年 8 月北京第 1 次印刷
审 图 号：	GS (2016) 1283 号
定　　价：	68.00 元
书　　号：	ISBN 978-7-116-09832-9

（如对本书有建议或意见，敬请致电本社；如本书有印装问题，本社负责调换）

序 言

　　2015 年，中国地质科学院认真学习贯彻中央精神和国土资源部、中国地质调查局党组决策部署，深入开展"三严三实"专题教育，推动地质科技创新发展，各项工作取得显著成绩。

　　一是地调科研工作成果丰硕。2015 年全院承担各类项目 1465 项，总经费 9.82 亿元，其中国家科技项目经费 1.85 亿元（占 18.84%）、地质调查项目经费 6.74 亿元（占 68.64%）、横向项目经费 0.56 亿元（占 5.7%）。组织实施地质调查 2 项计划、12 个工程、82 个二级项目。获批国家自然科学基金项目 95 个，总经费 4911 万元，继续保持良好势头。发表学术论文 1034 篇，其中第一作者 SCI 检索论文 378 篇、EI 检索论文 76 篇、国内核心期刊论文 497 篇，出版专著 19 部。获发明专利 15 项、实用新型专利 27 项、软件著作权登记 11 项。获国土资源科学技术一等奖 3 项、二等奖 4 项（参加 1 项），其他省部级奖 2 项；6 项成果入选中国地质调查局、中国地质科学院 2015 年度地质科技十大进展；2 项成果入选中国地质学会 2015 年度十大地质科技进展。

　　二是重大科技项目组织实施进展良好。国家"973"项目"青藏高原南部大陆聚合与成矿作用"、"中国陆块海相成钾规律及预测研究"顺利验收，在研"973""我国富铁矿成矿机制与成矿预测"及"863"、重大仪器设备研发、重点基金等项目进展良好。出版了全国 1:100 万分幅地质图、1:250 万月球分幅地质图，编制了数字化亚洲花岗岩图；建立了印度-欧亚大陆碰撞地球动力学模型和青藏高原新的成矿模型。陆块海相成钾理论研究取得重要突破，提出找钾靶区及成钾远景区，指导江陵凹陷中南部整装勘查取得找钾突破。完成第一张南极板块（大陆及海域）高精度三维地壳和岩石圈结构图，提高了南极地质研究程度。成功研制国家第一个钕同位素比值（$^{143}Nd/^{144}Nd$）标准样品，编制完成《覆盖区 1:5 万区域地质调查工作指南》。无人机航磁测量系统、地震勘探、油气地球物理综合探测、土地质量地球化学调查评价和土壤修复等方面取得了重要的技术进步。

　　三是支撑找矿突破、服务国家建设取得重要成果。在西藏班公湖-怒江成矿带科技引领找矿实现重大突破，铁格隆南斑岩-浅成低温热液型铜矿成为我国最大的千万吨级超大型矿床，预测资源量超过 $1500 \times 10^4 t$；川西甲基卡勘查发现超大型锂辉石矿，有望成为世界级锂资源基地；在准噶尔东部发现大型隐伏斑岩-矽卡岩型铁铜矿；通过"油钾兼探"，在柴达木盆地、兰坪-思茅盆地、塔里木盆地等六个有利区，获得氯化钾远景资源量 $8.89 \times 10^8 t$，氧化钾资源远景量近百亿吨。柴达木盆地调查评价油气资源取得新进展，

中国地质调查局党组成员、中国地质科学院党委书记、副院长王小烈（右二），党委副书记、
常务副院长朱立新（左二），副院长王瑞江（右一），副院长吴珍汉（左一）

南方页岩气调查中发现新层系；利用地震和非震技术方法组合促进了松辽盆地外围油气新发现。在青藏铁路沿线措美县，钻获 205℃ 高温地热蒸气资源，为我国同等深度最高温度，估算发电潜力约 110MW；在福建漳州龙海实施我国第一口干热岩科学深钻，进尺突破 3120m。编制完成了《中国地下水质量与污染调查报告》，为国务院"水十条"制定和全国人大常委会《水污染防治法》执法检查提供了重要技术支撑。发布《中国耕地地球化学调查报告（2015）》，对我国耕地地球化学总体状况做出科学判断，影响深远。岩溶水文地质、应对全球气候变化、碳循环和碳汇效应研究、岩溶塌陷调查及应用和服务得到加强。与浙江省地质勘查局、江西省地质矿产勘查开发局、深圳市地质局等单位通过联合承担项目、设立院士工作站等，开展合作并取得初步成果。开展云南省盐津县地质灾害调查和典型地质景观调查，推进"乌蒙峡谷地质公园"规划建设，编制完成地质灾害防灾预案，对口扶贫工作得到地方政府和国土资源部、中国地质调查局的高度评价。

四是全力推进地质科技人才队伍建设迈上新台阶。高锐当选中国科学院院士，结束了中国地质科学院 10 年未新增院士的局面；朱立新、蒋忠诚、王贵玲当选俄罗斯自然科学院外籍院士；唐菊兴获"全国先进工作者"称号；石建省获"全国优秀科技工作者"称号；侯增谦获第十四次李四光地质科学奖；曾令森获第七届黄汲清青年地质科技奖；成杭新获"全国国土资源系统先进工作者"称号；王文磊入选"国家青年千人计划"；翟庆国获国家自然科学优秀青年基金资助；章雨旭获第四届全国新闻出版行业领军人才称号；唐菊兴获中国地质调查局首批卓越地质人才称号，王登红等 6 人获中国地质调查局杰出地质人才称号；陈宣华等 6 名研究员、李忠海等 5 名青年科技骨干和地球化学填图科技创新等 2 个团队分别入选第二批国土资源科技领军人才开发和培养计划、杰出青年科技人才培养计划和科技创新团队培育计划；首次面向国内外公开引聘 2 名高级访问学者。研究生和博士后培养能力和水平进一步提高。

五是科技支撑体系建设大力加强。京区地质科研实验基地于 2015 年 7 月正式动工，落实资金 2 亿元，完成地基基础工程，建筑结构施工进展顺利，将于 2016 年底正式交付使用。厦门基地、桂林岩溶基地、北京离子探针中心基地二期进展顺利，物化探方法技术实验研究中心大楼通过验收。"自然资源与能源安全国家实验室"筹建工作稳步推进，"1+6"、"8+6"地调科研合作机制持续深化。中国地质调查局、中国地质科学院地球深部探测中心 2015 年 6 月成立。重组全球矿产资源战略研究中心。稳步推进国际岩溶研究中心、全球尺度地球化学国际研究中心等国际合作平台建设。积极推动国土资源部成矿作用与资源评价等重点实验室申报国家重点实验室。积极推进大型科研仪器设备共享平台建设，网站建设与信息服务平台高效稳定，院所主办多个学术期刊荣获"2015 中国最具国际影响力学术期刊"称号。

六是党建、精神文明建设和"三严三实"专题教育扎实推进。党风廉政建设深入推进，严格执行中央八项规定，落实全面从严治党责任，严守政治纪律和政治规矩，认真落实"两个责任"，开展系列廉政警示教育。开展了建院 60 周年筹备工作，启动中国地质科学院大事记编纂、宣传片拍摄、"我与地科院共成长"征文、六十周年画册、科技成果展览、科普读物出版、院士传记编撰等系列工作。李四光纪念馆重新开馆并举办李四光学术思想研讨会，大力弘扬李四光精神，营造良好科技创新文化氛围。完成了百旺茉莉园团购房配售和产权办理工作，解决了入住职工户口迁移和子女就学问题；完成杏林湾团购房配售的网签工作；向海淀区中关村申请并获批人才公租房；百万庄卯区改造已获国管局批准，规划设计方案已报送北京市规委；岩溶所职工集资房已开工建设。

2016 年是国家实施"十三五"规划的开局之年，是中国地质调查局、中国地质科学院"科技创新年"，也是体制机制改革的攻坚之年、全面推进地质科技创新的关键之年。我们将紧紧围绕体制机制改革发展主线，充分发挥科技创新集成优势，加大力度，全面推进科技创新，强化科技支撑引领作用，切实做好各项工作，以改革为契机、以创新为动力、以发展为目标、以需求为导向，在体制机制上出台新举措、在科技创新上取得新突破、在人才培养上取得新成绩、在科研基地和平台建设上实现新跨越、在地调科研融合上开创新局面，为"十三五"开好局、起好步奠定坚实基础，以优异的成绩迎接建院 60 周年。

中国地质调查局党组成员、中国地质科学院党委书记、副院长（主持工作）

党委副书记、常务副院长

副院长

副院长

目 录 Contents

1 改革发展

高锐研究员当选科学院院士

2015 年 11 月，中国地质科学院地质研究所研究员高锐当选中国科学院院士。其主要学术成就与贡献：长期从事地球物理与深部构造研究，在运用深地震反射剖面研究青藏高原以及其他大陆岩石圈深部结构及其构造变形成因等领域做出了具有国际影响的系统性、创新性贡献。尤其注重地球物理探测与地质构造相结合，提出并命名青藏高原存在面对面的陆陆碰撞新类型，揭示了印度板块向青藏高原腹地俯冲的行为。提出并命名高原北边界逆冲断裂（NBT），提出龙日坝断裂是扬子地块西缘边界，从深部结构约束了青藏高原北缘和东缘的动力学过程。他和他的团队主持完成的深地震反射剖面超过 7000km，为我国深反射地震研究做出了重要贡献。

高锐院士在野外工作

▍联合国教科文组织全球尺度地球化学国际研究中心获国务院批准在廊坊成立

2010 年，经国土资源部批准同意，中国国际地学计划（IGCP）全国委员会向联合国教科文组织提交了在我国廊坊建立中心的申请建议。2010 年 11 月，联合国教科文组织生态与地球科学部官员来华对中心进行可行性评估。2011 年 2 月，中心可行性评估报告在 IGCP 科学执行局第 39 届会议上获得通过。2012 年 6 月，中方与联合国教科文组织最终对协定文本达成一致。中心申请最终经联合国教科文组织第 191 届执行局会议和第 37 届大会批准。经履行国内审批手续，2015 年 9 月获国务院批准同意。这是中国地质科学院继国际岩溶研究中心获批后成功申报的第二家联合国教科文组织二类研究中心。

联合国教科文组织全球尺度地球化学国际研究中心依托中国地质科学院地球物理地球化学勘查研究所建设，宗旨是致力于元素周期表上所有元素及其化合物在全球尺度上的含量与分布、基准与变化研究，为全面了解地球资源分布和全球环境变化提供基础知识与数据，为政府在矿产资源与生态环境等领域的全球可持续发展提供决策依据，促进发达国家与发展中国家知识共享。该中心的建立对于提高我国在全球资源环境领域的国际话语权，加强科技软实力建设具有重要意义。

全球尺度地球化学国际研究中心科研楼

中国地质科学院京区地质科研实验基地开工建设

中国地质科学院京区地质科研实验基地项目位于北京市海淀区北清路永丰产业基地，是经李克强总理指示建设的保障国家资源安全的重大项目。在国土资源部、中国地质调查局领导以及地方各级政府部门的支持下，建设项目已取得工程规划许可证及开工办理手续批复文件88份。项目建设用地92亩，工程总投资71819万元，建筑面积75544平方米，主要有3个科研实验楼，2015年7月10日开工，预计2016年1月25日结构封顶，2017年6月25日竣工投入使用，建成后将成为世界一流的地质科研场所和国际交流中心。

"五方"代表在项目开工书上签字

京区基地设计效果图

2 人员结构与经济状况

人员结构

中国地质科学院现有人员编制数为2753人（其中非营利性科研机构编制1000人）。

2015年末，全院职工总数3645人，包括在职职工1927人，离退休人员1718人；在职职工中具有本科以上学位的1573人，硕士以上学位的1166人；在职职工中专业技术人员1572人，其中院士14人，研究员及教授级高级工程师329人，副研究员及高级工程师374人，中级职称586人，初级职称273人；具有博士学位的586人、硕士学位的509人、本科331人，大专及以下146人。形成了以博士和硕士为主体、创新能力强、高层次人才密集的地质科技队伍。

全院在职职工中，有国家中青年科技创新领军人才1人，国家"青年千人计划"人选1人，"百千万人才工程"国家级人选13人；4人获得过国家自然科学基金杰出青年基金资助。入选国土资源科技领军人才开发和培育计划17人、国土资源杰出青年科技人才培养计划20人、国土资源科技创新团队培育计划11个。

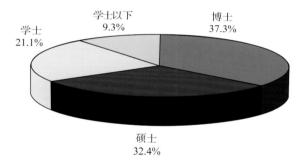

专业技术人员学历结构分布图

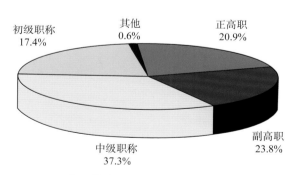

专业技术人员职称结构分布图

经济状况

2015 年，全院实现总收入 19.49 亿元，比 2014 年减少 9.18%，其中：财政拨款收入 15.42 亿元，事业费收入 3.03 亿元，经营收入 632.56 万元，其他收入 9774.91 万元。修缮购置专项资金 7885 万元（主要用于仪器设备购置与升级改造、基础设施改造等）；资产总额 29.5 亿元，其中固定资产 16.47 亿元；新购置 50 万元以上大型仪器设备 32 台套，总价值 8690.73 万元。采取指导督促等措施提高预算执行率，全年财政资金总支出 16.70 亿元，财政资金国库预算执行率 87.3%。

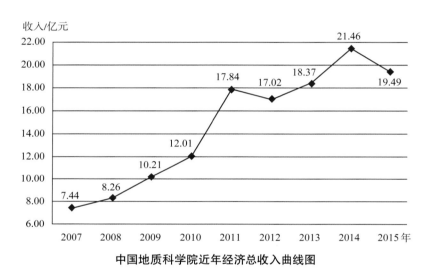

中国地质科学院近年经济总收入曲线图

3 院属科研机构及年度重要成果

中国地质科学院院部

中国地质科学院院部设有院办公室、科学技术处、地质调查处、实验管理处、经济管理处、国际合作处、组织人事处（安全生产处）、计划财务处、党群工作处、监察审计处、基建处（基地办）、研究生部等12个职能处室，信息中心、京区离退休职工管理中心、京区后勤服务中心等3个中心，国家地质公园网络中心、深部探测研究中心、青藏高原研究室等3个业务部门。中国地质学会办事机构设秘书处、期刊处。

中国地质学会、李四光地质科学奖基金会、全国地层委员会等办事机构，国际地质科学联合会秘书处、中国国际地球科学计划全国委员会秘书处、国际地质科学联合会地质遗产北京办公室、世界数据中心中国地质学科数据中心等国际地学组织与相关机构，国土资源部重点实验室和野外科学观测研究基地办公室挂靠在中国地质科学院。

截至2015年底，院部职工总数422人，包括在职职工159人，离退休人员263人；在职职工中具有学士以上学位的109人，硕士以上学位的58人；在职职工中专业技术人员107人，其中院士2人，研究员及教授级高级工程师20人，副研究员及高级工程师24人，中级职称35人，初级职称28人；具有博士学位的19人、硕士学位的28人、学士学位的41人，大专及以下19人。

年度重要科研成果

"深部探测技术与实验研究专项"进入全面深化总结阶段。深部探测助力"入地"中国梦，系统构建适应我国地球深部特征的立体探测技术体系，带动重大科学发现，使我国跻身世界深

深部探测专项成果专辑

"地壳一号"钻机在松科"二井"运转正常

部探测大国行列，在国内外产生强烈反响；专项发现一批具有战略意义的重大找矿线索，为实现找矿突破战略行动提供有力支撑。按照专项领导小组第五次会议精神，专项积极开展深部探测数据共享与成果转化应用，在地质调查科技支撑计划中设立深部地质调查工程，推广应用专项在深部探测领域取得的技术和成果；积极开展科技部重点研发计划《深地资源勘查开采》重点专项动议、实施方案编制和指南编写。深部专项5000t大压机项目进入实质性研制阶段。松辽盆地科学钻探工程（CCSD-SK）进展顺利，SinoProbe专项研制的"地壳一号"万米钻机运转正常。专项在《地球物理学报》等国内知名杂志出版深部资源三维探测专辑；在国际知名《亚洲地球科学期刊》（*Journal of Asian Earth Sciences*）杂志组织出版专项两个专辑。组织了第二届中国地球科学联合学术年会多个专题报告会，取得较好反响。

中国地质调查局、中国地质科学院地球深部探测中心成立大会

全国重要地质遗迹调查项目"地质遗迹资源多样性研究"顺利结题并取得优秀成绩。完成了84份地质遗迹调查表，并以四川兴文为例运用德尔菲法和层次分析法进行了尝试性地质遗迹多样性定量评价。提出我国地质遗迹多样性保护利用指南框架，为各级国土资源主管部门实施地质遗迹多样性的保护和利用提供参考与指导。

月球与火星探测地学研究取得进展。一是利用划分好的月海三大岩石界限和月海与月陆之间明显的高差特征确定月海玄武

岩划分单元的边界范围。二是利用最新美国双星 GRAIL 数据建立了 150 阶次月球
重力场。三是建立了基于月表粗糙度编制月表年龄图。四是利用典型月球撞击坑，
识别矿物及岩性。第谷撞击坑中央峰主要矿物有辉石、斜长石和镁尖晶石等。开
普勒撞击坑中央峰岩性为苏长辉长岩。哥白尼撞击坑中央峰的矿物以橄榄石为主，
含有少量辉石，中央峰岩性为橄长岩。阿里斯塔克撞击坑的中央峰缺乏铁镁质矿
物，主要以斜长石矿物为主，中央峰岩性为斜长岩。参加了中国工程院组织的我
国未来至 2030 年月球及深空探测的国家发展计划、科学任务的实施和相关会议 20
次；向国家国防科技工业局月球探测中心上报了关于未来月球探测的科学任务及规
划建议书；召开了"深空探测地学研究学术研讨会"，形成"国土资源部深空探测
顶层设计建议"上报中国地质调查局。

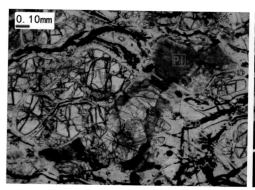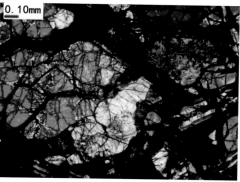

柳园月球玄武岩实验场单斜辉石橄榄岩

深空探测地学研究学术研讨会

中国地质科学院地质研究所

截至 2015 年年底，全所共有职工 466 人，其中在职职工 254 人、离休人员 14 人、退休人员 198 人。在职职工中，管理人员 33 人，专业技术人员 218 人，工勤人员 4 人。专业技术人员中：两院院士 6 人，研究员及教授级高级工程师 62 人，副研究员及高级工程师 37 人，中级职称及以下 119 人。在职职工中有博士学位 156 人，硕士学位 21 人，学士学位的 24 人，大专及以下 17 人。内设 6 个职能处室、11 个专业研究室，其中纪检监察审计室新成立；有 1 个国家级科技基础条件平台，4 个部级重点实验室、4 个局级业务中心。全国地质编图委员会、1 个公开出版物《岩石矿物学杂志》和 7 个学术机构挂靠在地质所。

以第一作者公开发表论文 244 篇，其中 SCI、EI 检索论文 154 篇（其中国际 SCI 检索论文 102 篇），核心期刊论文 87 篇；出版图幅 23 件，构造图及说明书 1 套，专著 2 部；取得专利 3 项。国内论文引用率位列全国科研机构第 18 位。获 2015 年度国土资源科学技术一等奖、二等奖各 1 项；《1:500 万国际亚洲地质图》获中国地质调查局地质科技一等奖。

领导班子由 4 人组成：所长、党委副书记侯增谦，党委书记、副所长何长虹，副所长高锦曦、卢民杰。

所长、党委副书记侯增谦（右二），党委书记、副所长何长虹（左二），副所长高锦曦（右一），
副所长卢民杰（左一）

年度重要科研成果

区域地质及综合编图成果丰富。出版1:250万虹湾幅《月球地质图》，编制完成北极幅《月球地质图》；完成1:250万东-北-中亚及邻区地质图、能源矿产成矿图说明书；完成全国20个省（区）地质志；编制全国1:500万中国大陆地壳莫霍面深度图。编制《全国油气基础地质系列图件》，建立油气地质数据库，助力油气地质调查。

地层古生物研究取得新发现。在江西赣州地区晚白垩世地层中发现赣州华南龙，在辽西早白垩世地层中发现孙氏振元龙，在辽西发现朝阳东方颌翼龙。这些重大发现对于研究古生物学中的窃蛋龙类的演化、驰龙类羽毛演化及鸟类羽毛起源等热点与难点问题提供了重要的参考依据，尤其在建立新属种的基础上，首次提出赣州恐龙动物群的概念，对于研究该地区古生物物种的系统演化、古地理分布与其他动物群对比等具有重要的指导意义。

变质地质研究提出新认识。通过胶-辽-吉构造带的属性及演化过程，华北克拉通古元古代重大聚合事件研究提出了变质作用和变质单元新的分类、划分方案；确定了华北克拉通东南缘准确地质界线；研究华北克拉通中部造山带2.1Ga岩浆事件的属性，对多个地区的变质作用及变质时代、岩石组合等研究取得新认识。编制了1:500万中国变质地质图，提出了变质作用划分为古老克拉通变质作用、造山带变质作用、埋深变质作用和洋底变质作用等四个主要类型。完成华北克拉通古元古代构造带立典地区1:5万区域地质调查填图试点与示范。

花岗岩研究取得新进展。通过分析总结亚洲中生代花岗岩带时空展布，总结了花岗岩浆作用与构造演化的关系，提出亚洲中生代大陆聚散框架，为探讨亚洲大地构造演化，特别是陆块聚合过程的研究提供了依据。通过秦岭花岗岩Nd、Hf同位素填图揭示深部组成分带制约成矿分带。

青藏高原研究成果丰硕。根据雅鲁藏布江缝合带等地发现金刚石的研究提出蛇绿岩型金刚石的新类型；提出铬铁矿深部

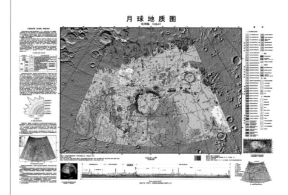

1:250万虹湾幅《月球地质图》

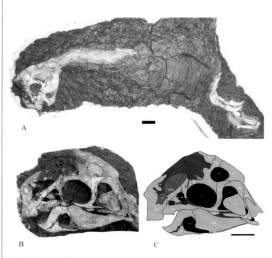

华南龙正型标本

钕同位素比值分析标准样品证书

成因和物质再循环新认识；拉萨地体南部发现下地壳大规模加热造成冈底斯岩浆弧根下地壳的麻粒岩相变质作用、Ⅰ型和Ｓ型花岗岩岩浆作用，被认为是青藏高原下地壳组成的唯一记录；建立青藏高原东南缘围绕东构造结的"弯曲－解耦"模式；青藏高原东缘汶川地震深钻发现映秀－北川断裂带和安县－灌县断裂带不同的变形作用。

资源能源研究成果支持找矿突破。完善大陆斑岩 Cu 矿成矿模型，对地壳组成与成矿系统分布进行研究，认为南北拉萨地体具有新生下地壳的弧地体，形成岛弧型斑岩 Cu-Au 矿，弧岩浆底侵形成的新生下地壳形成碰撞型斑岩 Cu-Mo 矿；在内蒙古识别出一种新的金矿床类型 —— 岩浆型金矿，提出金在岩浆过程中的预富集可能是许多岩浆热液金矿床形成的重要前提；提出岩浆碳酸岩型超大型稀土矿床可能是洋壳沉积物深循环的产物；认为白云鄂博矿床成矿物质来自地幔，不存在多来源性；通过对伊朗扎格罗斯造山带 SSZ 带碳酸盐岩容矿铅锌矿床的综合研究，提出逆冲推覆构造带中富硅类 MVT 矿床的存在。

同位素技术快速发展。第一个国家钕同位素比值($^{143}Nd/^{144}Nd$)标准样品研制成功，获得中华人民共和国国家标准样品证书。确定了锆石（U-Th）/He 标准物质样品源条件；全球首个碳酸盐全岩稀土元素研究精确定量溶解法建成；建立了"单颗粒锆石（U-Th）/He 法测年"实验室，这是我国目前唯一一家能够投入实际使用的锆石（U-Th）/He 法测年实验室。

深部地球物理探测获得重要进展。青藏高原东北缘宽频地震剖面揭示华北岩石圈俯冲于祁连造山带之下，为亚洲岩石圈向南的俯冲提供了新的关键证据；综合 GPS、地质调查和地球物理数据，论证了龙日坝断裂是扬子地块的最西边界，提出青藏高原东缘龙门山以高角度逆冲响应印度－欧亚碰撞的新模式；MT 探测发现反映大兴安岭中下地壳由较软弱物质组成或处于受热状态，且下地壳经历了拆离和拆沉过程。

发展三维地质调查技术，为大规模三维地质调查奠定基础。三维地质填图试点建立了初步的填图标准框架；三维地质调查试点分层次建立了 25 个不同尺度、反映不同内容的三维地质模型，建立了我国三维地质调查总体工作流程，开发了具有自主知识产权的三维地质调查建模软件和成果数据管理系统。

中国地质科学院矿产资源研究所

截至 2015 年年底，全所在职职工 298 人，其中，中国工程院院士 2 人，正高级职称 56 人，副高级职称 80 人；具有博士学位的 161 人、硕士学位的 49 人，在站博士后 25 人。内设 10 个研究室（中心）、8 个职能处室和 1 个成果转化中心；有 2 个部级重点实验室。中国地质学会矿床地质专业委员会、中国矿物岩石地球化学学会矿物专业委员会挂靠资源所，主办学术刊物《矿床地质》。

发表各类文章 210 余篇，作为第一单位发表 SCI 检索论文 74 篇，其中国外 SCI 检索论文 59 篇，核心期刊论文 58 篇，会议论文摘要 8 篇；出版专著 5 部；获得专利 5 项（发明专利 4 项）。在 2014 年国内论文被引用次数较多的 20 个研究机构中位列第 12 名。获 2015 年度国土资源科学技术一等奖 1 项，二等奖 2 项（参加 1 项）；"西藏甲玛铜多金属矿床成矿理论创新与找矿重大突破"获中国地质调查局地质科技一等奖；唐菊兴研究员和王登红研究员分获中国地质调查局首批卓越地质人才（李四光学者）和杰出地质人才称号；谢桂青研究员获中国地质调查局第二届杰出青年荣誉称号。

领导班子由 6 人组成：所党委书记、所长傅秉锋，所党委委员、副所长张佳文、毛景文、王宗起、邢树文、李基宏。

所党委书记、所长傅秉锋（左三），所党委委员、副所长张佳文（左二）、毛景文（右三）、王宗起（左一）、邢树文（右二）、李基宏（右一）

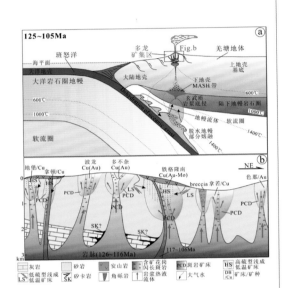

多龙矿集区成矿模式简图

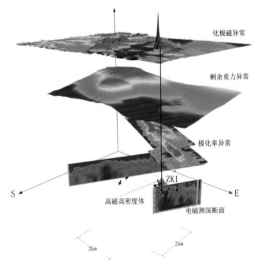

新疆东准覆盖区隐伏斑岩–矽卡岩铜矿找矿勘查
模型

年度重要科研成果

西藏多龙整装勘查在成矿理论和勘探两方面取得重大进展。 通过对多龙勘查区9宗矿权详细研究，查明矿体形态、规模和产状，查明矿石特征，查明矿床蚀变、矿化分带，探讨了成矿机制，开展了深部和矿区外围的预测研究，识别出班公湖–怒江成矿带西段三期岩浆成矿作用，建立洋盆俯冲闭合事件与矿床形成的地质年代学序列，提出青藏高原腹地早在 $1.2×10^8 \sim 1.1×10^8 a$ 间就已经发生了大规模隆升，存在古高原，并接受近1000米的剥蚀的新认识，结束了西藏没有超大型高硫化型浅成低温热液型铜（金银）矿床的历史，为区域找矿突破指明了方向。近两年时间，在多龙整装勘查区取得了重大找矿新突破，发现多龙矿集区存在高硫化型的浅成低温热液型铜（金银）矿床，继而实现深部斑岩型铜金矿体找矿的重大突破，2013～2015年，铁格隆南矿区求求获铜资源量 $1098×10^4 t$，成为单个矿床千万吨级的铜矿床，预测远景资源量将超过 $1500×10^4 t$。

新疆东准覆盖区隐伏斑岩–矽卡岩铜矿预测找矿取得找矿突破。 以基础性、公益性地调为引导，有效衔接地方勘探资金实现找矿突破，成果及时转化。在覆盖区隐伏矿找矿中，应用先进的物探位场处理技术，采用地质–物探异常关联分析技术是一种有效可行的勘探方法技术，通过项目的实施，对项目团队开展覆盖区隐伏矿找矿研究能力有了质的提升。通过科研成果引导，在新疆地勘基金的支持下，2011年发现浅覆盖区隐伏拉伊克勒克铁铜矿床，截至2015年10月，已控制矿带长大于5600m，获得铜金属资源量 $101.5×10^4 t$，取得找矿突破；2015年9月在外围新发现隐伏斑岩铜矿床一处。

西藏雄村、南木林盆地科研找矿双丰收。 首次提出西藏冈底斯成矿带存在侏罗纪斑岩–浅成低温热液成矿系统，在南木林盆地林子宗群火山岩中发现首例浅成低温热液型银铅锌矿床。以斑岩、浅成低温热液成矿理论指导矿产勘查，取得巨大找矿突破，雄村矿区累计探获金属资源量铜超过 $230×10^4 t$、金超过200t、银超过1000t，斯弄多矿区控制 Pb+Zn 资源量超过 $30×10^4 t$、银400t，对矿区、区域找矿具有积极和重要的指导意义。以雄村矿区勘查成果为基础，目前雄村 I 号矿体已经成功申请了采矿证，已进入矿山建设阶段，为企业带来了显著的经济效益。雄村、斯弄多矿区以斑岩 – 浅成低温热液成矿理论为指导，拟定了矿区找矿方向，极大提高了矿区找矿效果。

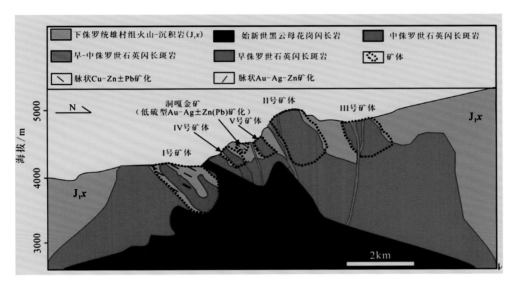

西藏雄村斑岩 – 低硫型浅成低温热液成矿系统矿床模型

中国陆块海相成钾理论突破及靶区预测取得找钾突破。揭示了中国小陆块海相成钾的"构造、物源和气候"三者的耦合机制，并据此总结了东特提斯域小陆块的成钾模式；首次获得思茅盆地勐野井组的绝对年龄，以及钾盐成矿的年龄，解决了长期争议的思茅盆地成钾年代问题，为正确理解思茅盆地的钾盐成矿规律和勘查提供了新思路和科学依据；确定了四川盆地三叠纪古盐湖卤水已浓缩到钾盐析

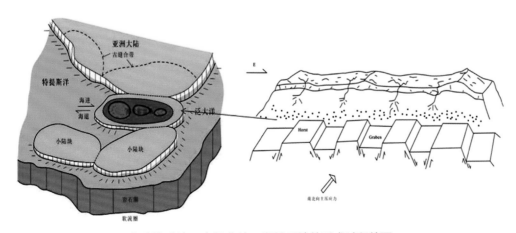

小陆块碰撞 – 次级盆地 – 湖链系统的形成过程简图

绥钾1井：钾石盐矿化段 厚度达 64.7m；KCl含量 0.2%-2.37%，0.3-0.4m 接近边界工业品位；溴含量 90-390ppm，平均 290ppm；溴氯系数（Br×103/Cl）0.331-0.866，平均0.549，达到钾石盐-光卤石沉积阶段。

绥钾1井奥陶系马家沟组马五6亚段厚层钾石盐矿化段的新发现

出阶段，解决了长期困扰四川盆地三叠纪找钾的基本科学问题，为继续开展四川盆地成钾研究和找矿勘查提供了理论基础和依据。提出了找钾战略靶区及其重点成钾远景区，具有较为充分的数据与资料依据和理论基础，可以为相关盆地找钾部署和规划提供重要的指导。以裂谷成钾理论为指导江陵凹陷中南部整装勘查，锦辉公司通过实施找钾钻探等，钻到了富钾卤水，取得了找钾突破，通过块段法获得有工程揭示的氯化钾预测资源量 $2×10^8 t$，预测成矿区的总资源量 $8×10^8 t$。

陕北盐盆"钾气兼探"取得突出进展。在陕北奥陶纪盐盆获得新发现：绥钾1井马五6亚段厚层钾石盐高矿化段，展现了陕北奥陶纪盐盆具备形成大套厚层优质钾石盐工业矿层的有利成钾条件。聚焦绥德有利成钾凹陷，将找钾范围缩小至 $2000 km^2$ 内；提出鄂尔多斯盆地上古生界海陆过渡相泥页岩气资源同样具有较大潜力和乐观前景，且鄂尔多斯盆地还可能存在奥陶系盐下天然气勘查新领域。W型"复底锅"成钾新模型的提出为下一步钾盐勘查部署提供科学依据和明确目标。镇钾1井上古生界石炭系—二叠系海陆过渡相本溪组—太原组、山西组2套厚层高气测值泥页岩含气层系的新发现，展现了鄂尔多斯盆地上古生界海陆过渡相新领域良好的页岩气资源前景，并将有力地推动我国海陆过渡相新领域页岩气勘查早日取得突破。

膏盐层氧化障在玢岩矽卡岩型铁矿中作用研究。通过对宁芜、庐枞玢岩铁矿和大冶、邯邢矽卡岩铁矿进行了系统研究，阐明了玢岩铁矿、矽卡岩铁矿成矿机理，提出膏盐层氧化障是

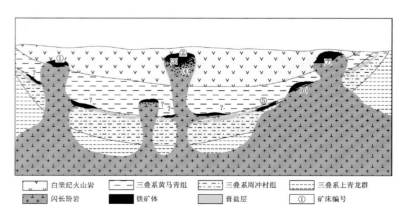

白垩纪火山岩	三叠系黄马青组	三叠系周冲村组	三叠系上青龙群
闪长玢岩	铁矿体	膏盐层	① 矿床编号

膏盐层的作用－宁芜铁矿模型新解

玢岩铁矿、矽卡岩铁矿的关键成矿因素，建立了玢岩、矽卡岩铁矿－硫铁矿－石膏矿三位一体成矿模型，推动了玢岩铁矿、矽卡岩铁矿成矿理论的发展。揭示了铁矿浆的形成过程，建立玢岩铁矿"双层成矿结构"模型，指出在宁芜、庐枞盆地深部岩体与膏盐层的接触部位存在矿浆－矽卡岩型富铁矿体（大冶式铁矿），规模可能超过了赋存于浅部火山－次火山中狭义的"玢岩型铁矿"，并被最近的找矿勘查证实。

新疆北部火山－侵入岩型铁多金属矿床综合研究。将新疆北部铁多金属矿划分为 3 种成矿构造环境，4 个成因类型，5 期与岩浆喷发和侵入事件有关的成矿事件。通过磁铁矿 Re-Os 年龄新技术方法的应用解决了研究区铁矿精确定年的科学难题，提出多期叠加成矿是造成成矿元素组合复杂的主要原因，并对共生 / 伴生元素综合利用进行了评价。为解决制约新疆北部铁多金属矿找矿勘查问题提供了依据。以成矿理论为指导，结合地质、物探、化探和遥感资料，建立了找矿模型，优选出 14 个铁多金属找矿靶区。编制了 3 幅 1∶50 万和 1∶25 万成矿规律及成矿预测图。该成果实现了理论研究向实际转化应用，为政府部门勘查工作部署提供了依据，为地勘单位和矿山企业找矿提供了技术支撑。

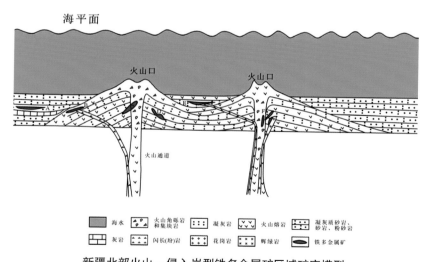

新疆北部火山－侵入岩型铁多金属矿区域矿床模型

A—火山沉积型铁锰矿（如托莫尔特铁锰矿）；B—矽卡岩型铁铜金矿（如乔夏哈拉铁铜金矿）、铁铜矿（如突出山）、铁锌钴矿（如雅满苏）；C—矿浆型（如阿巴宫铁磷稀土矿、查岗诺尔含铜铁矿）；D—火山－次火山热液型（如阔拉萨依铁铜锌矿）；E—火山沉积＋叠加改造型铁铜矿（如沙泉子铁铜矿、恰夏铁铜矿）；F—矿浆＋热液叠加改造型（如敦德铁锌金矿）

矽卡岩金属矿床元素共生分离机制探讨及其应用 —— 以鄂东南地区为例。提出了矽卡岩金属矿床铜与铁、铜与钨共生分离机制。提出已知矽卡岩铁矿深部存在寻找矽卡岩铜铁矿的潜力，有膏盐沉积岩和中酸性岩体的地区有寻找矽卡岩铁矿的潜力。提出曹家山和竹林塘金矿是产于沉积岩的远端浸染状金银矿床，与鸡笼山和丰山洞斑岩－矽卡岩矿床为同一成矿系统，为长江中下游成矿带新类型金矿床，且长江中下游成矿带斑岩－矽卡岩矿床外围具有寻找远端浸染状金银矿床的潜力。建立了矽卡岩金矿与外围远端浸染状金银同一成矿系统的成矿模型，丰富了矽卡岩矿床成矿理论，拓宽了找矿方向。

我国能源资源 2020～2030 年保障程度论证综合研究。在对能源单矿种保障程度论证成果综合与提升的基础上，结合对国内外能源格局分析，系统论证了未来 15 年我国能源资源的可供性、供需缺口、保障程度及境外可得性，提出以下对策建议：①深化能源体制改革，释放制度效率；②大力发展煤制油气，保障能源安全，促进产业升级；③积极发展核电，优化能源结构；④落实和完善非常规能源勘查开发鼓励政策；⑤加快油气管网及国家能源应急反应体系建设；⑥实施一批重大能源工程。研究成果是对中国地质科学院战略研究中心研发的资源经济学理论与方法的创新性应用，也是对已有预测模型的进一步检验与完善，为非能源矿产的相关研究提供了良好示范，为建设具有全球视野和世界影响的资源战略研究智库奠定了坚实基础。基于研究结论所形成的转化应用报告——《大力推动煤制油气，再造一个油气生产大国：把能源安全主动权掌握在自己手中》已提交上级部门。

印度下地壳俯冲：西藏新生代钾质－超钾质火山岩锆石 Hf-O 和全岩 Li 同位素证据。得出西藏钾质、超钾质和富镁钾质火山岩来自于次大陆岩石圈地幔不同程度部分熔融，受到印度下地壳不同比例的交代；印度下地壳在早—中中新世俯冲到拉萨地块之下。提出了钾质、超钾质和富镁钾质火山岩成因模式，为理解新生代富钾岩石的成因对青藏高原岩石圈结构、隆升机制以及地壳生长过程及其动力学背景提供了重要依据。锂同位素实验方法，采用新的技术手段，解决传统地质问题，促进了科学理论创新，为国内相关专家顺利完成国家有关项目提供了技术支撑。

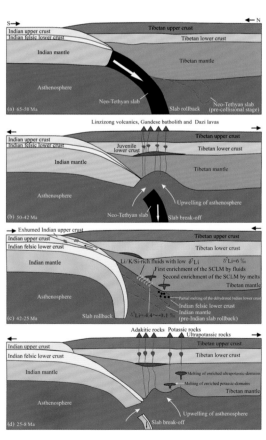

拉萨地块钾质－超钾质火山岩岩石成因的构造模式示意图

中国地质科学院地质力学研究所

截至 2015 年年底，全所在职职工 197 人，其中具有博士学位 108 人，正高级职称 44 人，副高级职称 56 人。内设 8 个专业研究室、5 个职能处室和 2 个公益服务部门；有 2 个部级重点实验室、2 个部野外科学观测研究基地、1 个局级重点实验室、1 个局业务中心和 2 个中国地质科学院重点实验室。

《广西成矿规律及勘查部署研究汇总报告》获得广西壮族自治区科技进步二等奖；"南极埃默里冰架－格罗夫山综合地质调查与研究"获中国地质调查局地质科技一等奖；"南极大陆及相邻海域岩石圈三维结构和地质构造新进展"1 项成果被评为中国地质调查局、中国地质科学院 2015 年度地质科技十大进展和中国地质学会十大地质科技进展；科普图书《山崩地裂 —— 认识滑坡、崩塌与泥石流》获得全国国土资源优秀科普图书奖；获得发明专利 1 项、实用新型专利 1 项、计算机软件著作权 2 项。

2015 年在研项目 162 项，总经费 1.38 亿元，其中科技部项目 5 项，国家自然科学基金项目 42 项，国土资源公益性行业科研专项项目 5 项，地质调查工程项目 2 项、子项目 37 项、专题 1 项，所基本科研业务费项目 18 项、院基本科研业务费项目 5 项，委托项目 49 项。以第一作者发表论文 165 篇，其中 SCI 检索论文 85 篇（国际 SCI 检索论文 53 篇），EI 检索论文 22 篇，核心期刊论文 55 篇；出版专著 5 部。

领导班子由 5 人组成：所长、党委副书记徐勇，党委书记、副所长、纪委书记徐龙强，副所长赵越、侯春堂、马寅生。

所长、党委副书记徐勇（中），党委书记、副所长、纪委书记徐龙强（右二），
副所长赵越（左二）、侯春堂（右一）、马寅生（左一）

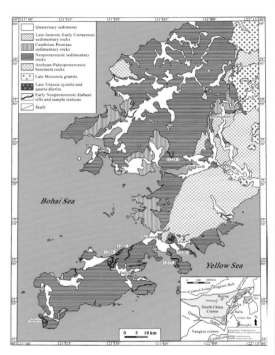

辽东半岛地质简图

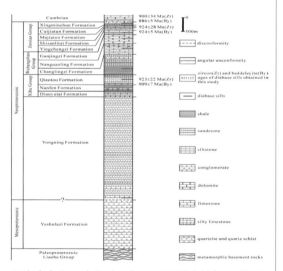

辽东半岛新元古代地层柱及侵入其中的辉绿岩床

"辽东半岛新元古代早期辉绿岩床及华北克拉通东南部区域性抬升"取得新成果。辽东半岛及徐淮地区是华北克拉通新元古代地层发育最为完整的地区之一,在辽东半岛新元古代沉积地层内侵入有大量的辉绿岩。长期以来这些辉绿岩被认为是侵位于三叠纪的辉绿岩墙。运用锆石 U-Pb 及斜锆石 Pb-Pb 定年,确定这些辉绿岩为侵位于新元古代早期的辉绿岩床,侵位时代为 $9.2×10^8 \sim 8.9×10^8$a。认为华北克拉通东部及东南部在 $9.2×10^8 \sim 8.9×10^8$a 之前发生了区域性抬升。这些大规模辉绿岩床及伴随的区域性抬升与华北克拉通东部从罗迪尼亚超大陆的裂解有关。辽东半岛辉绿岩床的研究成果为认识华北克拉通在罗迪尼亚超大陆中的位置及演化提供了重要依据。相关成果在《前寒武纪研究》(*Precambrian Research*)杂志发表。

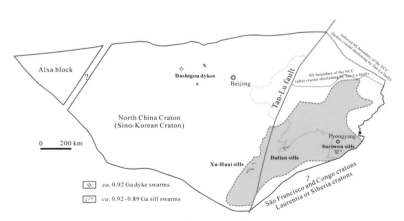

华北(中朝)克拉通东部 $9.2×10^8 \sim 8.9×10^8$a 辉绿岩床空间分布示意图
(考虑了郯庐断裂左行走滑的影响)

柴达木盆地研究取得重要进展。由中国地质科学院地质力学研究所设计、中国地质调查局与中国石油青海油田合作钻探的柴页2井在上石炭统克鲁克组发现天然气,包括生物成因天然气、混合成因天然气与热成因天然气。柴达木盆地震旦系—石炭系发育多套海相烃源岩,具有良好的生烃潜力。在柴北缘欧龙布鲁克地区稳定型沉积地层中,发育震旦系全吉群上部、下古生界两套烃源岩。在柴达木盆地东部石炭系发现多层段、

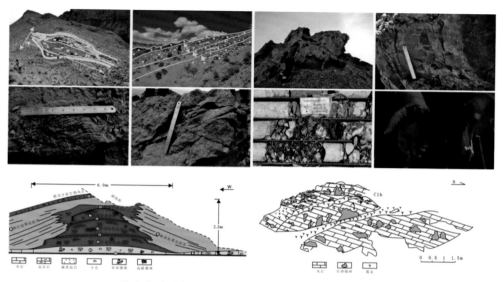

柴达木盆地东部石炭系生物礁与古岩溶特征及分布

多类型的生物礁（典型的台内点礁，在礁前、礁底常伴有生屑滩、鲕粒滩及风暴沉积等储层）和古岩溶（同生期岩溶与早成岩期岩溶），可提供充足的油气储集空间。

阿尔金北缘构造变形与金多金属找矿预测取得重要进展。研究证明阿尔金北缘地区与北祁连同为一个构造带，具有良好的成矿潜力，其所处的西域板块新元古代中期岩浆活动与 Rodinia 超大陆裂解事件密切相关。获得了形成时代为 1.93Ga 的岩体，寻找到阿尔金北缘地区 2.0 ~ 1.8Ga 古元古代热事件的直接证据，对于研究塔里木板块的构造演化具有重要意义。发现阿尔金北缘脆－韧性剪切带的形成时代及其地球动力学背景，即介于早奥陶世—晚志留世早期之间，与北阿尔金洋闭合的时代一致，其地球动力学背景为塔里木板块和阿中地块斜向碰撞汇聚事件。在阿尔金北缘地区红柳沟一带发现了一条 600m 长的铜矿化带，成矿前景良好，不但具有重要的经济意义，对于下一步的找矿工作具有积极意义。

中国中、东部构造体系控油作用取得新进展。系统划分了鄂尔多斯盆地、四川盆地、松辽盆地、华北盆地发育的纬向系、华夏系、新华夏系、祁吕系、经向系等构造体系，详论了不同体系各自组成、形态、分布范围、规模、发展演化史及其五大特征；分析了体系间复合、联合的 6 种关系（斜接、反接、截接、重叠、包容、改造）；首次恢复了古构造体系控制的古生代盆地原型及其叠合（复合）史；论证了构造体系控盆、控油气源区、控油气聚集带特征；新建立、完善多种控油构造型式（帚状、旋扭、雁行、入字型、反 S 型、S 型及叠瓦状），并揭示了最利

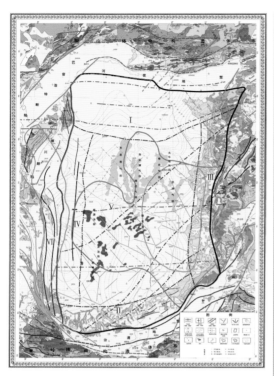

鄂尔多斯盆地及邻区构造体系图

油气聚集的具体构造部位；总结了构造体系控油气分布整体规律。综合考虑诸多油气成藏条件，尤以构造规律控油分布为主线，进行了盆地油气聚集有利区带划分与评价，指出了油气勘探地区和方向，具有重要理论意义和勘探实践应用价值。

地质调查服务国家重大工程 —— 某光学装置选址地质环境调查与评价圆满完成。"某光学装置选址地质环境调查与评价"属国家安全重大工程的基础性地质调查工作。依据发展和完善的李四光"安全岛"理论，按照区域 – 地区 – 场地逐步筛选场址的科学思路，采用主控因素判别法和基于 GIS 信息量叠加法开展场址初选和评价。首选编制了 1∶400 万全国地质环境图件，选取活动构造、地震动峰值加速度、蓄滞洪区、地质灾害、工程地质、地形地貌等十余种因素，初步确定了 4 个地级以上城市的 6 个场址，开展了工程建筑场地适宜性评价，并推荐为候选场地。该项工作为加快国家重大工程的实施提供了坚实的基础。

地应力测量在页岩气资源调查与评价中的应用取得突破。通过与地方地质调查院、页岩气区块中标企业和中国地质调查局兄弟单位合作，利用对方固体矿产井、页岩气参数井和页岩气地质调查井，共计完成包括松桃 ZK4220 井、天星 1 井、凤参 1 井、桑页 1 井、岑地 1 井、宜地 2 井、桸地 2 井和安页 1

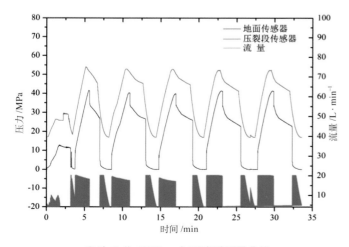

宜地 2 井 1698m 水压致裂测量曲线

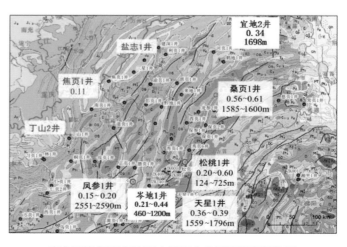

南方页岩气重点地区水平应力差异系数实测结果

井等 8 个钻孔的地应力测试，其中 3 个钻孔为钻孔原位水压致裂地应力测试和 5 个钻孔的岩心非弹性应变恢复（ASR）法地应力测试。水压致裂法最大测试深度为 1698m（宜地 2 井），ASR 法最大测试深度为 2490m（凤参 1 井）。初步获取了黔北及武陵地区下寒武统牛蹄塘组和下志留系龙马溪组页岩储层的现今地应力状态，为南方页岩气勘探开发提供了基础数据。

针对页岩气勘探开发对地应力测试的实际需求，不断提高地应力测试能力，日前利用水压致裂地应力测试方法，完成宜地 2 井 588～1698m 多个测点的地应力测试，获得钻孔原位地应力大小和方向。测量结果为秭归盆地及武陵山地区"三气"（天然气、致密砂岩气和页岩气）的勘探开发提供了地应力基础数据，同时在小井眼水压致裂地应力测量深度上取得突破，是目前国内该方法公开报道的最大测试深度。

大巴山构造带深反射地震剖面解译与平衡地质剖面研究取得新进展。围绕"侏罗纪华北－华南板块陆－陆汇聚的驱动力是什么？"这一关键科学问题，董树文研究员、李建华副研究员等与美国加利福尼亚大学洛杉矶分校尹安教授合作，完成了大巴山构造带的深反射地震剖面解释，揭露了大巴山深部地壳和岩石圈结构；通过平衡地质剖面的制作，揭示了大巴山中、上地壳精细变形样式，计算出中上地壳陆内变形缩短量大于 130km。这一缩短量足以使俯冲的华南北缘镁铁质下地壳发生由麻粒岩相向榴辉岩相的转变，并导致密度和重力增大诱发板片拖拽作用，其为三叠纪古特提斯洋关闭后，导致华北和华南板块持续陆－陆汇聚的关键。成果发表在国际期刊"Tectonics"上。

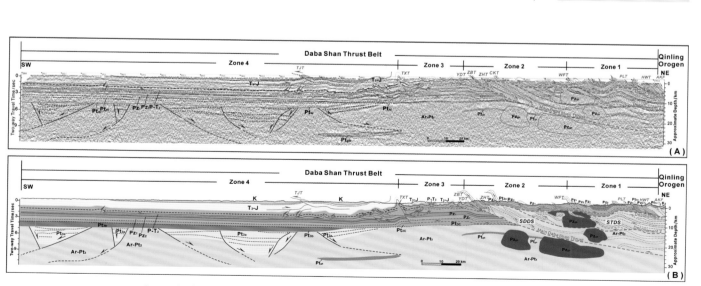

大巴山构造带深反射地震剖面解释图 (A) 和中、上地壳精细变形样式解析图 (B)

艰难的北查尔斯王子山考察（2015 年 1 月 15 日第 31 次中国南极考察）

登陆南设得兰群岛史密斯岛进行蓝片岩考察
（2015 年 1 月第 31 次中国南极考察）

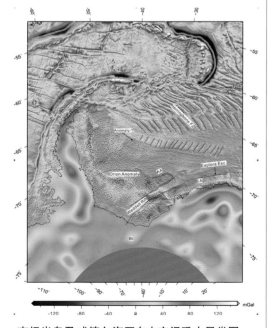

南极半岛及威德尔海区自由空间重力异常图

南极地质考察取得重要研究成果。①利用天然地震观测数据，获得南极大陆及相邻海域高精度三维地壳和地幔的深部结构，为深入了解大陆的形成与演化的动力学过程提供重要信息。②重新整理南极大陆矿产资料数据，对重点矿化富集区进行评价分析；对近 300 处矿床或矿点结合区域地质特征进行综合分析，对西南极、横贯山脉及东南极等区域进行矿化富集区评价分析。③南极陆缘区油气资源生成条件及有利区带分析；通过对研究区大陆边缘盆地地质构造特征及形成演化、地壳结构及张裂过程以及沉积盆地油气富集成藏规律方面的研究，并初步圈定可能的远景区。④南极周边海域主要渔业资源潜力评估，48、58 和 88 区三个海区犬齿鱼资源量水平处于较高水平；48.1、48.2 和 48.3 区三个海区磷虾资源量水平一直处于高水平，基本接近原始资源量。⑤南极大陆及海域微生物资源潜力评估，开展了一系列的微生物物种和基因资源及其产物资源的新颖性和多样性的探查与研究，发现一系列重要的新物种、新基因和新产物。⑥依托澳大利亚的南极航空网络和后勤保障实现了远距中国中山站科考基地的东南极北查尔斯王子山、布朗山、西福尔丘陵和温德米尔群岛的地质与矿产资源考察，观察重要地质露头 69 处，采集样品 405 件。利用智利科考船与智利南极研究所的科学家合作完成了南极半岛和南设得兰群岛的地质与矿产资源考察，成功登陆史密斯岛，采集样品 82 件。在室内工作中，初步获得北查尔斯王子山和布朗山变质火成岩的原岩年龄分别约为 1150 Ma 和 1450 Ma，变质时代约为 900 Ma，表明中元古代的雷纳杂岩可能由北查尔斯王子山向东延伸到了布朗山，这对东冈瓦纳格林维尔期的构造重建具有重要意义。在史密斯岛蓝片岩中识别出由蓝片岩相向绿片岩相转变的变质演化过程，为冷俯冲带的增生构造过程提供了岩石学约束。

中国地质科学院水文地质环境地质研究所

　　截至 2015 年年底，全所职工总数 540 人，其中在职职工 316 人，离退休人员 224 人。中国工程院院士 1 人，俄罗斯自然科学院外籍院士 2 人，博士生导师 8 人，享受政府特殊津贴专家 3 人。管理岗位人员 57 人，专业技术岗位人员 248 人，工勤技能岗位 11 人；正高级职称 40 人，副高级职称 49 人，中级职称 126 人。内设 8 个综合管理部门、16 个技术业务部门、3 个其他部门。国际水文地质学家协会中国国家专业委员会，中国地质学会水文地质专业委员会、地热专业委员会、农业地质专业委员会，河北省矿泉水产品质量监督检验站均挂靠在所内。

　　获批国家自然科学基金项目 8 项，总经费 173 万元。发表论文 108 篇，其中 SCI 检索论文 27 篇、EI 检索论文 8 篇；出版专著 2 部；获发明专利 7 项、实用新型专利 16 项。获国土资源科学技术一等奖 1 项、河北省科技进步二等奖 1 项、中国地质调查局地质科技一等奖 1 项（参加），"创新地下水保障能力评价理论服务国家粮食安全战略"被评为中国地质调查局、中国地质科学院 2015 年度地质科技十大进展和中国地质学会十大地质科技进展。

　　领导班子由 5 人组成：所长、党委书记石建省，副所长张永波、张兆吉、李援生，纪委书记张民福。

所长、党委书记石建省（中），副所长张永波（右二）、张兆吉（左二）、李援生（右一），
纪委书记张民福（左一）

国土资源部部长姜大明回答问题

来源：中国人大网 2015年8月29日　　　　　　　　浏览字号：大 中 小

8月29日上午，十二届全国人大常委会第十六次会议举行联组会议，就全国人大常委会执法检查组关于检查《中华人民共和国水污染防治法》实施情况的报告进行专题询问。图为国土资源部部长姜大明回答问题。中国人大网 李杰 摄

国土资源部姜大明部长在第 12 届全国人大常委会第 16 次会议上介绍我国地下水污染状况

注：台湾资料暂缺说明。

中国温泉地热井分布图

回灌示范工程全貌图

研制完成的水驱增压泵

年度重要科研成果

编制完成《中国地下水质量与污染调查报告》。调查报告显示，我国地下水三分之一可直接作为饮用水源，三分之一经适当处理可作为饮用水源，三分之一不宜作为饮用水源；地下水污染组分超标率达 15%，主要污染物为三氮、重金属和有毒有害有机物，基本反映了我国地下水质量形成演化规律和地下水污染主要类型及分布特征。报告受到国务院、全国人大、部、局领导好评，并为"水十条"制定、《水污染防治法》执法检查及《华北平原地下水污染防治实施方案》等提供了有力的技术支撑。

完成《中国地热志》。首次采用史志形式对目前中国地热显示点和代表性地热钻孔进行了系统全面描述，共收录温泉（群）代表性地热点 2767 处。首次分总论、分论两个部分从全国和分省两个层面对我国地热资源赋存背景、地热分布及其特征、资源量等进行了系统论述，能够反映我国当前地热资源开发利用的实际情况和研究勘探水平，具有重要的史料价值。

华北平原典型地区地下水回灌关键技术与工程示范。以石家庄市藁城区为典型研究区，建成回灌示范工程 1 处，实现了水量仪表化及水表自动化监测；开发总结了一套高效回灌技术系统及防堵处理关键技术方法；建立了区域－研究区－试验场三级地下水数值模拟耦合模型和地下水管理信息系统与操作手册；总结了区域地下水人工回灌类型、主要模式及亚模式。完成编写技术系列报告一套；取得了预期的技术、经济和社会效益，为今后开展地下水人工回灌工作提供了技术方法支持和实际依据。

地下水放射性惰性气体核素测年采样装置。开发了一种在正压下运行（只在没有阀门和连接件的局部产生负压）的地下水放射性惰性气体核素测年采样装置，有效避免了采样中的大气污染影响。由于不采用膜接触器和有填料的萃取室，并开发了能替换电动增压泵的"水驱增压泵"，使采样装置实现了便携化。

弱透水层中的反渗透效应对地下水中的盐分运移。选择衡水试验场 110m 深钻孔的全部可用岩心为研究对象，对黏性土中所含水的同位素、水化学特征进行分析，利用特征差异做降雨入渗和盐分

下移的识别。用压榨设备收集的黏性土中的水具有不同于孔隙水的特征，获得了含水层中地下水的运移痕迹和相互关系。

降水变化驱动地下水变幅与灌溉用水强度互动阈识别。华北农业区浅层地下水位变化具有主灌溉期以"cm/d"级（大于1.0 cm/d）下降、非灌溉期以"mm/d"级（小于1.0 cm/d）上升的特征，这些特征与降水量及年内降水分配状况密切相关。前期降水偏枯，灌溉期地下水位下降过程线和年内水位上升过程线的大部分位于多年水位变化趋势线之下；降水偏丰，灌溉期地下水位下降过程线和年内水位上升过程线的大部分位于多年水位变化趋势线之上。农业大规模集中开采是农业区地下水位"cm/d"级下降特征的动因，厚大包气带（厚度不小于15 m）是农业区浅层地下水位"cm/d"级上升特征形成的重要条件。

华北平原全新世水文环境变化 —— 以大陆泽为例。通过考察区内湖泊沉积记录的空间分布特征，初步表明早全新世9726 a(B.P.)左右，古大陆泽中心南王庄村附近开始出现稳定的湖泊环境，随着亚洲夏季风的增强和降水量的增加，古大陆泽湖面在7276 a(B.P.)向西南方向扩张至任县西固城附近，分别在6500 a(B.P.)和6843 a(B.P.)左右扩张至北部南鱼村和薛家营村，向东则在5980 a(B.P.)扩张至鱼营村，7000～6000 a(B.P.)之间古大陆泽达到全新世时期的最大水域范围，之后湖泊水位维持较高的水平，直至5000 a(B.P.)左右，随着亚洲夏季风的衰退，湖泊开始退缩，湖泊水位下降，3500 a(B.P.)左右古大陆泽中心位置趋于干涸，在2.6～1.3 ka之间存在

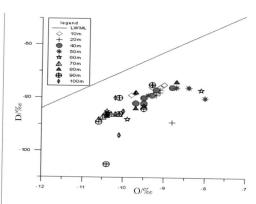

同位素特征图

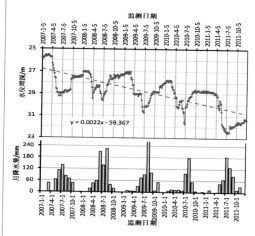

2007年来华北典型农业区浅层地下水位及月降水量变化特征

剖面位置

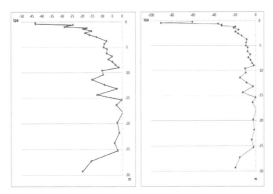

强降水/无降水后包气带剖面水势分布特征

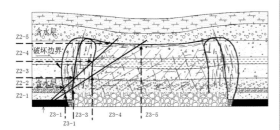

煤层顶板含水层结构变异示意图

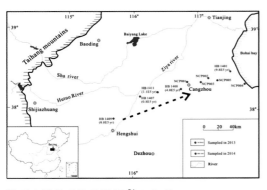

地下水样品采集位置及^{81}Kr年龄

一次湖泊水位快速上升事件。

包气带增厚条件下水分运移机理研究。建立了30.3m典型包气带多相监测剖面，进行了全剖面土壤含水量、土壤水势、土壤温度以及降水量、蒸发量动态监测，获取了约80万个监测数据。在包气带试验基地实施地质钻孔一眼，孔深45m，分层采集了原状土样35组，测定了水分特征曲线、非饱和导水率等水力参数，在此基础上，初步建立了包气带增厚条件下土壤水分运移模型，初步开展了一维垂向水分运移模拟，对测定的水力参数进行了识别和优化，为下一步包气带增厚条件下水分运移模拟研究奠定了基础。

群矿采煤驱动下含水层结构变异对区域水循环影响机制研究。研究了采煤影响下含水层结构变异厚度变化特征，在判定关键隔水层、计算自由空间高度、对比自由空间与最大挠度的基础上，提出变异含水层厚度判定表达式；重新划分采空区上覆含水层，将变异含水层范围厘定为水位骤降带，将变异含水层以上范围厘定为水位波动带；同时分别研究了水位骤降带和水位波动带渗透性、水位动态等变化规律，判定了长治盆地采煤引起含水层结构变异、水位、水量受影响程度。

华北平原滨海地区承压含水层古地下水的年龄测定。首次在华北滨海地区深层承压含水层中采集了^{81}Kr气体样品，^{81}Kr测年结果显示部分地下水样品的年龄高达100万a（远超放射性^{14}C的定年上限），这表明该区深层地下水的更新速率是极其缓慢的，地下水具有"不可更新"的资源属性。这与传统的利用^{14}C方法评价的更新能力和资源属性具有很大差异，因此，可能需要对该地区地下水的资源属性及其更新能力进行重新评价。在^{81}Kr和^{4}He定年的基础上，结合惰性气体定量恢复地下水补给时期的古气候信息，将极大地延伸地下水古气候研究的年代尺度范围，通过与其他地质载体气候记录的对比，可以有效提升古气候研究成果的可靠性。

中国地质科学院地球物理地球化学勘查研究所

截至 2015 年年底，全所在职职工 371 人，其中专业技术人员 280 人，包括中国科学院院士 1 人，正高级职称 69 人，副高级职称 59 人，具有博士学位的 38 人，硕士学位的 119 人。内设 7 个职能处室，4 个服务部门，11 个专业研究室；有 1 个所属企业；在建联合国教科文组织全球尺度地球化学国际研究中心；建有国家现代地质勘查工程技术研究中心，1 个部级地球化学勘查监督检测中心，2 个部级重点开放实验室，1 个局业务中心，1 个局级（院级）重点实验室；中国地质学会勘查地球化学专业委员会、中国地质学会勘探地球物理专业委员会、中国地质学会桩基检测专业委员会、全国国土资源标准化技术委员会地质勘查技术方法分技术委员会挂靠在所内，拥有地球探测与信息技术硕士学位授予权。

承担各类科技项目 109 项，年度总经费 14124 万元，其中国家科技项目 19 项，国土资源公益性行业科研专项项目 4 项，地质调查项目 43 项，基本科研业务费项目 30 项。获专利和著作权 16 项；发表各类科技论文 106 篇（其中，SCI 检索论文和 EI 检索论文共 21 篇）；出版专著 1 部。获得国土资源科学技术二等奖 1 项，广东省科技成果二等奖 1 项（参加）。

领导班子由 4 人组成：所长、党委副书记彭轩明，党委书记、副所长甘行平，副所长史长义、吕庆田。

所长、党委副书记彭轩明（左二），党委书记、副所长甘行平（右二），
副所长史长义（左一）、吕庆田（右一）

年度重要科研成果

编制完成《中国耕地地球化学调查报告（2015年）》。首次系统查明我国土地地球化学状况，系统总结和高度凝练了15年来土地质量地球化学调查成果，2015年6月25日正式发布，对全国耕地地球化学状况做出了重大判断。调查过程中形成了土地质量地球化学调查、评价、监测、预警系列技术规范，提出并推动了生态地球化学理论和学科的建立和快速发展，实现了勘查地球化学理论的原始创新，在技术方法上取得重大突破。

青藏区（2万亩）
西北区（133万亩）
西南区（961万亩）
东北区（184万亩）
京津冀鲁区（446万亩）
晋豫区（970万亩）
鄂皖湘赣区（1145万亩）
苏浙沪区（487万亩）
闽粤琼区（916万亩）
注：香港、澳门特别行政区及台湾省资料暂缺

土地利用区绿色富硒耕地分布图
1亩 = 666.6m²

松辽盆地西缘油气地球物理调查取得新进展，为东北地区"新区、新层系"油气资源调查取得突破提供了强有力的支撑。通过非震物探综合地质调查在火山岩覆盖层下发现了三个凹陷区，经中国地质调查局沈阳地质调查中心实施的"高ZK1井"验证，在巨厚层火山岩之下的862.55m火山碎屑岩与泥岩段，钻遇可燃气体。建立的划分中生代、晚古生代地层的解译模式为松辽盆地西缘深部地质构造及控盆作用研究，主要断裂的深部构造样式及其对盆地形成的控制作用分析提供了可靠地质依据，为松辽盆地西缘油气地质调查提供了强有力的技术支撑。

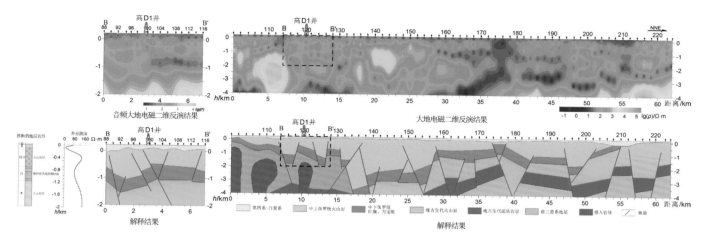

高力板地区大地带刺测深 WT-3 线二维反演与解释结果

　　深部矿勘查地球化学理论方法研究取得突破。研究发现热液成因有色金属成矿系统中存在着多属性地球化学异常，提出了深部矿体预测地球化学勘查应用基础理论——多维异常体系，构建异常结构模式，提出了深部矿体预测方法。利用元素负异常，可以有效界定热液成矿系统的边界。同时研发出三维异常结构模型及可视化系统，实现了地球化学异常结构建模和可视化分析，构建了以多维异常体系理论为基础的矿产资源潜力评价方法。在胶西北焦家金矿上方土壤热磁组分微孔隙中，发现了几十至几百纳米的纯金属颗粒，为方法有效性和机理探讨提供了微观证据。研制完成"中大比例尺化探数据一体化处理系统（Geochem Studio 1.0）"。

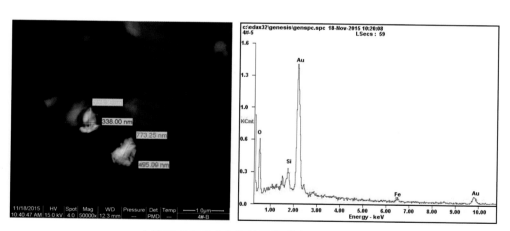

土壤热磁组分中金颗粒及能谱成分测定结果

　　深部金属矿抗干扰地震探测方法技术日渐成熟。应用深部金属矿抗干扰地震探测方法技术在新疆喀拉通克开展铜镍金属矿勘查，推测在 630～1150m 有深部

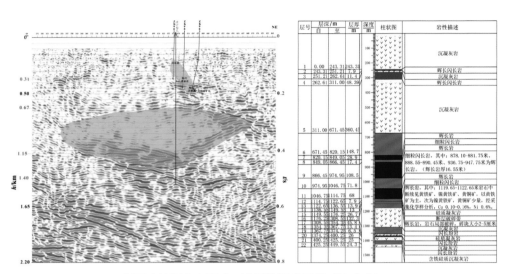

新疆喀拉通克金属矿区地震勘探成果得到钻孔验证

隐伏岩体，经 ZK2014-01 验证，证实岩体埋深在 671.45～1176.25m 之间，厚度达 478m，并在 1119.65～1122.65m 断续见黄铁矿、镍黄铁矿、黄铜矿等。

地下物探工作站建设初步完成。该工作站以地下电磁波层析成像、井中磁测、井中激电、地球物理测井等方法技术为主，集仪器和软件于一体，适用于井深 2000m工作，通过三维井地磁测约束反演等方法技术，实现全空间大深度立体探测。

青海灶火河西铁铜多金属矿试验区开展方法技术应用试验

中国地质科学院岩溶地质研究所

截至 2015 年年底，全所在职职工 215 人，包括中国科学院院士 1 人、研究员 34 人、副研究员及高工 45 人；具有博士、硕士学位的 141 人。内设 8 个职能处室和 9 个专业研究室（中心）；有 2 个部级重点实验室、1 个局级（院级）重点实验室、1 个局业务中心。

承担科研地质调查项目 150 项，经费 14048.37 万元，其中地质调查工程"岩溶地区水文地质环境地质综合调查" 1 项，子项目 20 项，总经费 9810 万元；国家部委和广西科技厅等下达的科研项目（含续作）75 项，合同经费 3210.25 万元；社会服务项目（含续作）21 项，合同经费 570.87 万元；基本科研业务费项目 34 项，经费 457.25 万元。以第一作者发表论文 141 篇，其中 SCI 检索论文 25 篇，EI 检索论文 5 篇，核心期刊论文 104 篇；出版专著 2 部；获得发明专利 1 项，实用专利 4 项，软件著作权 1 项。

主办了主题为"岩溶景观、地质公园、自然遗产地、环境地质编图与数据挖掘"的国际培训班 1 次；主办 3 次在华国际会议，分别是中国 – 东盟地质环境保护分论坛、东南亚环境地质学术研讨会暨中国及东南亚岩溶地质编图项目工作会议、第二届亚洲跨学科岩溶学术会议；中国地质科学院岩溶地质研究所 / 联合国教科文组织国际岩溶研究中心与南非水利研究委员会签订了谅解备忘录。共组织科技人员参加 2 次重要国际会议，4 批次 17 人赴国外完成 4 项国际合作项目。

领导班子由 4 人组成：所长、党委副书记刘同良；党委书记、常务副所长张发旺；副所长蒋忠诚、刘德成。

所长、党委副书记刘同良（左二），党委书记、常务副所长张发旺（右二），
副所长蒋忠诚（左一）、刘德成（右一）

年度重要科研成果

喀斯特峰丛洼地水土调蓄技术研究。建立了广西平果果化石漠化综合治理示范区，创新岩溶地区水土漏失理论、调查评价方法及水土联合调控模式，研发石漠化区表层岩溶水复合蓄引生态调控技术、不同水土漏失环境下的景观生态型土地整理技术、岩溶土壤火龙果栽培管理系列技术。岩溶土壤火龙果栽培管理系列技术已在 20 多个县市推广应用。科研成果被中央电视台、广西电视台、科技日报、广西日报、中国国土资源报等多家媒体给予多次连续报道。

地表和近地表条件下岩溶缝洞充填过程及机理研究。通过开展塔北露头区缝洞充填特征和塔河油田典型区块缝洞充填特征及机理研究，揭示了碳酸盐岩油气储集层中缝洞系统形成机制，为油气勘探开发部署提供了依据。研究揭示了塔河油田碳酸盐岩缝洞系统形成机制，建立了不同类型岩溶带缝洞系统充填模式，掌握了古岩溶分布与油气富集的关系。塔河油田碳酸盐岩缝洞系统的形成受古岩溶作用和构造作用控制，经历了加里东中期表生岩溶、海西早期裸露风化岩溶和埋藏期层状岩溶等三期岩溶作用过程；海西早期裸露风化岩溶是缝洞系统的主要形成时期；缝洞系统经历了被不断埋藏所产生的溶蚀和充填改造作用，深部热液作用形成了以层状分布为特征的溶蚀孔洞。研究成果成功应用于中国石化西北油田公司塔河油田二次开发，采收率提高了 5%；在中石油塔里木油田公司碳酸盐岩油气藏勘探开发中，合理部署开发井，提高了成井率。

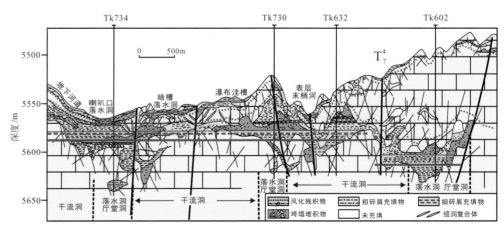

塔河油田古岩溶缝洞系统充填模式

应对全球气候变化地质调查综合评价。通过调查广西壮族自治区贺州市钟山岩溶盆地，利用水化学平衡－径流法进行盆地的碳汇量估算，结果表明钟山盆地因岩石溶蚀和风化作用消耗大气/土壤中的 CO_2 为 2.32×10^4 t/a，钟山盆地碳汇强度受其地质和水文地质条件控制呈现中间高、四周低的特点；为探索岩溶地质碳汇的稳定性，首次建立了适用于岩溶水体中 AAPB 的提取和分析方法；结果表明毛村岩溶地下河中存在 AAPB；通过 ^{14}C 标记实验测试出毛村地下河出口有光条件下的微生物固碳量占总无机碳量的 0.2%；以湖南湘西莲花洞 LHD1 纯文石石笋为例，重建了平均分辨率为 1.5a 的过去 500a 来当地的旱涝变化，将石笋记录与历史记载进行对比发现 LHD1 石笋 $\delta^{18}O$ 记录可以准确指示当地的旱涝变化；为研究中世纪暖期和小冰期中国季风区的区域差异，选取中国季风区 13 个湖泊沉积，7 个洞穴沉积和 7 个泥炭研究点作为综合集成对象，对中世纪暖期和小冰期中国季风区区域干湿分布和演变进行初步的探讨；开发了应对全球气候变化地质调查信息系统；完善地质碳汇、地质记录数据库建设规范和技术要求；发表中文核心期刊论文 17 篇；发表 SCI 检索论文 2 篇。

湘南粤北重点岩溶流域水文地质环境地质调查。开展了湘南粤北重点岩溶流域水文地质环境地质调查。新发现岩溶大泉 65 处，新增地下河 6 处，修正地下河 3 条，提高了工作精度。查明了区内水文地质条件，对地下河、岩溶大泉发育控制因素及发育规律进行了分析，地下河发育受构造、岩性及区内水文网络条件的控制，地下河多发育在泥盆系、石炭系的中厚层灰岩、白云质灰岩中，泉水多沿地层接触带、断层、地形切割、褶皱构造等影响控制而发育。同时查明了工作区自然出流的 12 处中低温温泉的储、盖、源，并取样进行了同位素分析。在 55 个干旱缺水村屯调查基础之上，施工探采结合孔 25 处，成井安装 16 处，总涌水总量超 4500m³/d，为干旱缺水区近 50000 余人提供饮水水源，取得良好的社会效益。干旱缺水区主要分布在工作区的西北部及中南部，致旱原因与岩溶发育强烈及矿山开采导致地下水污染有关；地下水污染源类型主要为选矿、矿山开采、小型养殖场、分散性小作坊、生活垃圾及集中垃圾填埋场，表现形式为重金属元素含量超标；工作区石漠化以轻度石漠化为主，石漠化发生率为 8.91%，石漠化演变趋势基本未变，局部改变。

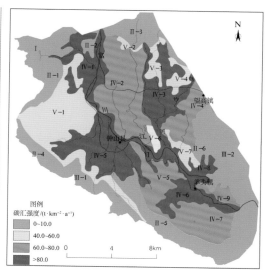

钟山盆地地质碳汇强度图

迎春镇大坪村探采结合孔出水

钻井试抽水照片

乌蒙山区水文地质环境地质调查。主要有 3 大成果：一是完成乌蒙山片区 9 个 1:5 万标准图幅 4000 多平方千米的水文地质调查工作，调查岩溶大泉、地下河出口超过 300 个，合计流量超过 40×10^4t/d，查清了 9 个标准 1:5 万图幅内超过 7000×10^4t/a 的地下水资源分布状况，并提出水资源开发利用区划建议，为乌蒙山片区经济社会发展提供了技术支撑；二是完成 29 眼探采结合井和 6 处地下水开发示范工程的施工，钻井出水量超过 6000t/d，直接为当地超过 7 万人提供饮用水源，解决当地村镇常年干旱缺水、工业园区发展用水紧张等问题，避免了一些场镇和学校的搬迁，给当地政府、群众带去党中央的关怀；三是完成乌蒙山云南昭通片区的典型地质景观调查，新发现云南省最大的天坑群、规模宏大的非重力水沉积洞穴、集群连片的梯级瀑布等一大批地质遗迹景观资源，并将地质调查成果及时转化，协助贫困县区申报地质公园，探索出一条旅游地质资源推动地方经济绿色环保可持续发展的道路。

西南典型岩溶地下河调查与动态评价。对 2003 年来开展的水文地质环境地质调查项目成果中的新技术、新理论以及岩溶水开发利用经验进行了系统总结，提交了集成报告；修编了云南、贵州、广西、湖南、湖北、重庆等 6 个省（区、市）1:50 万综合岩溶水文地质图；编制了云南南洞岩溶地下河 1:5 万水文地质遥感解译图和石漠化分布图；通过野外试验和动态分析，建立了极度非均质条件下的地下河库容评价方法、人为扰动条件下的水资源量计算方法；通过数值评价模型应用对比，深入认识了 MODFLOW 以及 CFP 模块等软件对岩溶地下河水资源评价的适宜程度；对 Darcy-Weisbach 理论取得了新认识。Darcy-Weisbach 管道水头损失公式主要由地下水的平均流速以及综合阻力控制，不涉及其他变量。通过示踪试验和水动力场分析，充分确认了完全充水地下河管道中的水头损失主要由压力传导控制；对研究工作中的新理论认识和观点在《地球环境科学》（*Environmental Earth Sciences*）、《农业机械学报》、《中国岩溶》等期刊共发表论文 12 篇。

国家地质实验测试中心

截至 2015 年年底，全所在职职工 130 人，具有博士学位的 33 人，硕士学位的 40 人，学士学位的 37 人，大专及以下 20 人。在职专业技术人员中，具有正高级职称的 22 人，副高级职称的 30 人，中级职称的 55 人，初级及以下人员 23 人。内设 7 个职能处室、7 个专业研究室；有 1 个部级重点实验室、2 个局级和院级重点实验室、1 个局业务中心。中国地质学会岩矿测试技术专业委员会、中国计量测试学会地质矿产实验测试专业委员会、全国国土资源标准化技术委员会地质矿产实验测试分技术委员会等学术组织挂靠在中心。

在研各类项目 117 项，其中科技部项目 9 项，国家自然科学基金项目 24 项，国土资源公益性行业科研专项 5 项（含 13 项课题），地质调查子项目 20 项，横向课题 13 项，基本科研业务费项目 28 项，横向开发项目 1 项。获得实用新型专利 4 项，软件著作权 4 项，制定局标准 1 项。以第一单位发表论文 40 篇，其中国际 SCI、EI 检索论文 5 篇，中文 SCI、EI 检索论文 5 篇，核心期刊论文 30 篇。

领导班子由 4 人组成：主任、党委副书记庄育勋，党委书记、副主任骆庆君，副主任罗立强，副主任、纪委书记沈建明。

主任、党委副书记庄育勋（右二），党委书记、副主任骆庆君（左二），副主任罗立强（右一），
副主任、纪委书记沈建明（左一）

年度重要科研成果

波谱－能谱复合型 X 射线荧光光谱仪的研发与产业化样机已搭建。完成了大功率高压发生器的样机加工，最大功率达 6kw，高压和电流稳定性均达到设计要求。完成了高精度测角仪样机加工，主体法兰部分和关键轴系均采用高强度 7075 航空铝材加工，其弹性模量与不锈钢接近，但其重量仅为不锈钢的 1/3；其驱动部件采用涡轮涡杆减速系统方式取代了传统斜齿式驱动方式，提高了控制精度和失电锁定性能，增加了测角仪的自锁功能，角度分辨率达到 0.001°。从整体上看，整机相关的核心部件如：分光室及其内部的关键部件、高精度测角仪、大功率高压发生器、高精度智能恒温控制和真空变频控制系统的设计加工方式和性能测试方案已基本落实，其相应的监控流程和复杂逻辑动作底层控制代码软件的编制工作已初步完成。已完成了 2 台试验样机各主要部件的制作，正在进行整机的装配和调试工作。完成新产品、新材料、新工艺、新装置，获计算机软件著作权 12 项，获得实用新型专利 4 项（ZL 201520104703.9，ZL 201520154409.9，ZL 201520098279.1，ZL 2015200010289.5），发表核心期刊论文 4 篇。

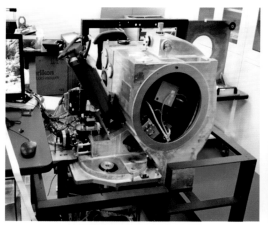 

实验样机内部实物图　　　　　　　　　　实验样机外部机箱

整装勘查区现场分析能力和范围不断扩展。在祁漫塔格建立了以能量色散 X 射线荧光光谱（EDXRF）技术为主，原子吸收光谱（AAS）为辅的板房式现场实验室一个，现场数据为现场地质工作的部署提供了依据，数据使用单位给予了较高的评价；在辽东成矿带铁铜钴矿区完成了基于 EDXRF 的集装箱式现场实验室建设和应用示范，由现场分析数据圈定的异常区与当地地质剖面图矿体部分基本一致。车载实验室野外分析能力扩展到铀、离子型稀土（总量）和钾盐钻探岩屑和泥浆；EDXRF 分析技术方法已基本形成对铁、铜、铅、锌、镍、锰、铀、钼、钨、铝土、离子型稀土等重要矿种的矿产勘查现场分析技术能力覆盖。2015 年在湖北钾盐钻探现场、江西赣州离子型稀土矿区开展了相关应用示范工作，野外稀土总量分析数据对指示稀土异常有效，现场泥浆数据与实验室结果吻合；制样设备向小型化发展，功能更加完备。建成了基于小型气体质谱仪等的可移动式钻探流体现场实时分析实验室，可同时在线分析钻探泥浆气体中的 CH_4、CO_2、H_2、He 等多种组分。研制成功基于液体阴极辉光放电（SCGD）原理、CCD 检测器（345～1015 nm）的 Li-K 分析仪样机 3 台，可同时分析 Li、K、Rb、Cs 等多种元素。开展了矿泉水、锂辉石等样品的实际应用试验，测试数据与已知值基本一致。该仪器重量轻、体积小、电力功耗低，无须其他辅助燃气或助燃气体，具有比较好的野外应用前景。

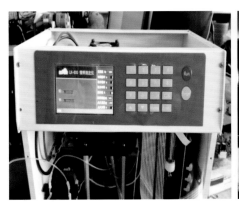

Li-K 分析仪（左：外形；中：进样系统；右：原子化系统）

地质分析技术标准信息管理及地下水远程实时监控实现信息化并推广应用。自主研发的"地质分析标准方法信息管理系统"和"地质分析标准物质信息管理系统"已在 20 家实验室推广应用。两个软件极大提高了工作效率和数据处理的准确度，将推动《地质分析标准方法研究技术规范》和《地质分析标准物质研究技术规范》两项基础标准的应用实施。上述两项基础标准对于规范和统一我国地质分析标准方法和标准物质研制的技术要求，提升和促进我国地质分析标准方法和标准物质研制水平和能力都具有重要意义。

针对地下水分析不同于固体样品的分析，时效性强的特点，为了确保不同实验室、不同批次、不同人、不同时间、不同仪器设备分析数据的可比性和有效性，提出地下水远程实时监控的质量控制思路，构建了地下水有机分析质量远程实时监控的工作机制，自主研发的《全国地下水样品测试质量监控专家系统V1.0》，实现了地下水样品有机分析质量的远程实时监控，应用于对实验室日常测试过程的质量监控和趋势监控分析，确保不同时空地下水样品分析数据的可比性。

地下水调查中多指标有机污染物快速检测技术取得重要进展。针对中国是农药使用大国和城市化工业化的快速推进，地下水有机污染呈现农药、化学、化工品等多种复合污染新态势。运用气相色谱–质谱、液相色谱–三重四极质谱等先进有机分析新技术提升分析灵敏度、解决极性有机污染物检测以及同时分析共流出等多项检测难题，研究建立了地下水中94种非极性弱极农药的同时测定、地下水中44种极性较强农药同时测定、地下水中110种化学及化工品有机污染物同时测定以及地下水中54种挥发性有机污染物同时测定等7项系列多指标快速分析方法，满足了我国地下水调查急需，为我国开展新一轮含水层综合调查提供技术支撑，促进了地质行业有机分析测试的进一步发展。所建分析方法基本覆盖了中国主要常用农药以及主要化学化工有机污染物，大幅提升和拓展了有机污染物检测效率和检测能力，降低了分析成本，为地下水多指标有机污染物筛查和快速分析提供了可能。方法已用于中国典型地区地下水中有机污染筛查，确证了中国部分地区地下水确实存在微量农药、化学、化工品等有机污染，其中极性农药污染等新特征值得高度重视。

油气地球化学实验测试技术为油气地质调查项目提供了技术支撑。面向羌塘盆地油气资源潜力评价关键问题研究的需求，针对该区域烃源岩地球化学特点，对总有机碳测定方法、可溶有机质提取与含量测定方法、石油族组分的分离制备方法、镜质体反射率测定方法、烃源岩热解分析等实验方法对于羌塘盆地烃源岩的适用性进行了研究，改进了不适应的分析测试方法，研制了分析质量监控样品，建立了系统的、适合羌塘盆地烃源岩评价研究的地球化学实验测试技术方法体系。以提高油气地质调查样品分析测试质量为目的，组建了油气地质调查实验测试质量管理实体，构建了中国地质调查局油气资源调查中心油气地质调查实验测试质量监控总体方案，对承担油气地质调查样品实验测试的实验室进行了基本情况调查和能力考核，就主要烃源岩地球化学指标的分析测试质量监控方法与技术要求开展了试验研究。

2015 年度重要科技奖

2015 年度全院获国土资源科学技术一等奖 3 项、二等奖 4 项（参加 1 项），其他省部级奖 2 项；"首次揭示南极大陆岩石圈三维构造格架"、"中国粮食主产区地下水资源保障能力综合研究"等 2 项成果获得中国地质学会 2015 年度十大地质科技进展。

2015 年度获国土资源科学技术奖情况

项目名称	完成单位	主要完成人	等级
华北平原地下水污染调查评价及关键技术研究	中国地质科学院水文地质环境地质研究所、河北省地质环境监测总站、河南省地质调查院、山东省地质调查院、北京市地质调查研究院、天津市地质调查研究院、中国地质调查局天津地质调查中心、国家地质实验测试中心	张兆吉　费宇红　雒国忠 杨丽芝　张连胜　林　健 王兰化　马　震　钱　永 李亚松　齐继祥　王苏明 张礼中　张翼龙　王　昭	一等
中国及亚洲重要造山带花岗岩浆时空演化及构造背景对比研究	中国地质科学院地质研究所	王　涛　童　英　吴才来 王晓霞　张　磊　郭　磊 谢才富　李智佩　张洪瑞 韩宝福　毛建仁　李　舢 洪大卫　张建军　王彦斌	一等
重要矿产成矿系列综合信息预测方法	中国地质科学院矿产资源研究所、新疆维吾尔自治区地质矿产勘查开发局、中国地质调查局西安地质调查中心、中国地质大学（北京）	肖克炎　唐菊兴　王登红 李文渊　冯　京　陈永清 邓　刚　陈　刚　丁建华 孙　莉　李　楠　娄德波 阴江宁　丛　源　郑文宝	一等
青藏高原南部变质作用与构造演化	中国地质科学院地质研究所	张泽明　董　昕　向　华 林彦蒿　丁慧霞　王金丽 刘　峰　贺振宇　王　伟	二等
大深度多功能电磁探测技术与系统集成	中国地质科学院地球物理地球化学勘查研究所、中南大学、成都理工大学、吉林大学	林品荣　郑采君　石福升 吴文鹂　陈晓东　汤井田 王绪本　李桐林　李　勇 李建华	二等
天然气水合物原位地球化学探测系统	中国地质科学院矿产资源研究所、浙江大学、广州海洋地质调查局	顾玉民　潘依雯　赵金花 胡　波　高　磊　郑　豪 陶　军　夏枚生　陈春亮 李云达	二等

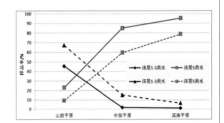

地下水质量山前至滨海变化图

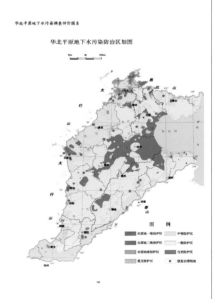

污染防治区划图

国土资源科学技术一等奖

华北平原地下水污染调查评价及关键技术研究

主要完成人：张兆吉、费宇红、雒国忠、杨丽芝、张连胜、林健、王兰化、马震、钱永、李亚松、齐继祥、王苏明、张礼中、张翼龙、王昭

完成单位：中国地质科学院水文地质环境地质研究所、河北省地质环境监测总站、河南省地质调查院、山东省地质调查院、北京市地质调查研究院、天津市地质调查研究院、中国地质调查局天津地质调查中心、国家地质实验测试中心

成果简介："全国地下水污染调查评价综合研究"完成了"华北平原地下水污染调查评价"，进行了地下水污染调查评价关键技术攻关，历时 5 年，共有 14 个单位 120 余人参加，总经费 7400 万元。研发了适合我国国情的地下水有机污染采样设备，开发了地下水检测远程监测体系和地下水污染调查评价信息系统，构建了地下水污染调查、采样、检测和数据管理的技术体系，有力支撑了我国地下水污染调查工作；提出了地下水质量与污染评价新方法，完善了地下水污染风险和区划的定量评价方法，建立其评价方法体系，为我国地下水污染评价工作提供技术保障；全面系统地评价了华北平原区地下水质量和污染现状，提出地下水质量主要受控于原生地质环境，农业面源、排污河和工业园区等地下水污染源是引起地下水污染的主要因素；首次对华北平原 232 个地下水集中供水水源地和 3154 个地下水分散供水水源进行了饮用水适宜性评价；建立了华北平原地下水质量与污染调查评价信息系统，构建了区域地下水污染风险评价方法并进行了华北平原地下水污染防治区划，为华北平原地下水污染防治提供了重要依据。提交《华北平原地下水污染状况及防治建议》，得到时任国务院总理温家宝的重要批示；基于项目成果编制的《华北平原地下水污染防治工作方案》是《全国地下水污染防治规划（2011~2020 年）》出台后编写的第一个地下水污染防治方案，为我国解决日益严重的地下水污染问题迈出的重要一步；基于该项目成果编制的《京津冀地区国土资源与环境地质图集》，为京津冀一体化建设提供了科学基础；世界著名杂志《Nature》官网 2013 年 6 月发表的题为《中国期待解决污染问题》的文章中，引用了《华北平原区域地下水污染调查评价》论文，论述了华北平原的地下水污染状况。

中国及亚洲重要造山带花岗岩浆时空演化及构造背景对比研究

主要完成人: 王涛、童英、吴才来、王晓霞、张磊、郭磊、谢才富、李智佩、张洪瑞、韩宝福、毛建仁、李舢、洪大卫、张建军、王彦斌

完成单位: 中国地质科学院地质研究所

成果简介: 中国及亚洲巨量花岗岩,举世关注。基于地质调查项目、国家自然科学基金项目和国家"973"项目资助,在国际亚洲地质编图基础上,开展了中国及亚洲重要造山带花岗岩对比研究,取得如下成果:①编制了数字化亚洲花岗岩图,从中国及亚洲视野,以陆块聚散角度,初步总结了中亚、中央、特提斯和环太平洋带花岗岩时空分布规律,勾画出中国乃至亚洲构造岩浆演化的基本框架。②依据大量新实测数据和资料收集,通过境内外对比,重建了一些重要造山带花岗岩年代学格架,解决了一批重要造山带的构造演化和区域地壳变形历史问题,提出和丰富了花岗岩构造动力学研究内容。③开展花岗岩同位素填图,确定地壳深部组成、揭示地壳生长方式,探索出花岗岩地球化学与大地构造研究相结合的新途径。

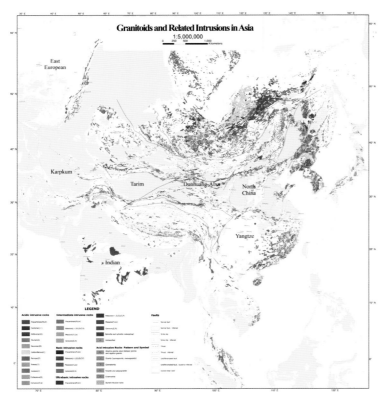

1:500 万亚洲花岗岩图

重要矿产成矿系列综合信息预测方法

主要完成人： 肖克炎、唐菊兴、王登红、李文渊、冯京、陈永清、邓刚、陈刚、丁建华、孙莉、李楠、娄德波、阴江宁、丛源、郑文宝

完成单位： 中国地质科学院矿产资源研究所、新疆维吾尔自治区地质矿产勘查开发局、中国地质调查局西安地质调查中心、中国地质大学（北京）

成果简介： 创立了一套资源潜力评价与预测理论和体系，研发和完善了3套具独立知识产权的软件系统：①创立一套基于成矿系列理论的适用于西部优势矿产资源潜力评价的预测技术体系。核心内容：a.成矿系列综合信息预测法；b.基于成矿系列的勘查区模型导向-综合信息定位-三维信息平台预测的方法；c.独立目标图层空间信息综合预测法；d.三维矿产勘查模型和三维立体预测法。②研发和升级了 MRAS、MinEsoft、MORPAS 三套具独立知识产权的矿产资源评价和成矿预测软件系统。③技术方法在冈底斯、东天山、秦祁昆、西南三江四个成矿（区）带示范应用，预测圈定了354个铜、金、铅锌、铁等重要矿种的成矿远景区，评价并指导了找矿突破。攻克了地质研究程度极低地区矿产资源潜力评价的定性、定量预测难题，显著提升了我国矿产资源预测理论水平和自动化预测技术，获得良好的直接经济效益和社会效益。

3 套预测软件

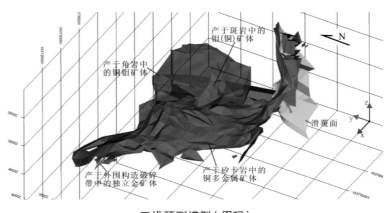

三维预测模型（甲玛）

国土资源科学技术二等奖

青藏高原南部变质作用与构造演化

主要完成人：张泽明、董昕、向华、林彦蒿、丁慧霞、王金丽、刘峰、贺振宇、王伟

完成单位：中国地质科学院地质研究所

成果简介：①在拉萨地体北部发现新元古代的高压变质岩，为拉萨地体起源与早期构造演化提供了重要信息。②在拉萨地体中部发现三叠纪的中压变质带，为南、北拉萨地体早中生代碰撞造山作用提供了重要证据。③揭示出安多地体的物质组成与构造演化过程，为青藏高原南部地体组成和归属提供了重要依据。④在冈底斯岩基中识别出晚白垩世的紫苏花岗岩，并提出了新特提斯洋中脊俯冲造山作用模式。⑤第一次报道拉萨地体南部存在晚泥盆世的花岗岩，为冈瓦纳超大陆北缘的古生代造山作用提供了重要信息。⑥揭示出冈底斯岩浆弧中、下地壳的物质组成，探讨了大陆地壳生长过程和生长模式。⑦揭示出高喜马拉雅结晶岩系的组成与多期再造过程，为印度大陆的形成与演化提供了重要限定。⑧揭示出喜马拉雅造山带经历了长期持续的高温变质和深熔作用过程，为大陆碰撞造山与动力学模型的建立提供了重要制约。⑨提出了拉萨地体自新元古代以来的构造演化模式，为青藏高原形成与演化模型的建立提供了重要约束。

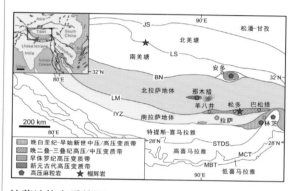

拉萨地体变质简图

BN—班公湖－怒江缝合带；IYZ—印度－雅鲁藏布江缝合带；JS—金沙江缝合带；LM—洛巴堆－米拉山断裂；LS—龙木措－双湖缝合带；MBT—主边界断裂；MCT—主中央断裂；STDS—藏南拆离系

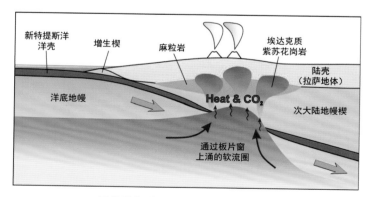

新特提斯洋洋中脊俯冲构造模式图

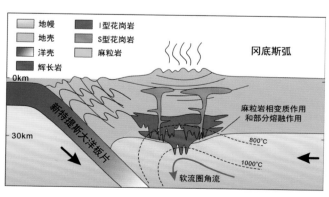

冈底斯岩浆弧东南部古新世构造模式图

大深度多功能电磁探测技术与系统集成

主要完成人： 林品荣、郑采君、石福升、吴文鹏、陈晓东、汤井田、王绪本、李桐林、李勇、李建华

完成单位： 中国地质科学院地球物理地球化学勘查研究所、中南大学、成都理工大学、吉林大学

成果简介： 该成果由国家"863"重点项目支持。采用高精度 GPS 与恒稳晶体混合同步技术、无线数据中继和双 24 位 AD 大动态转换技术、发电机励磁调压稳流技术等，实现了电磁法分布式探测的大功率发射和高精度同步测量；采用数字滤波、相关选频、同步叠加等技术，开发了电磁多参量数据信息处理技术；对地形条件下电磁法二三维正反演模拟进行了研究，开发出电磁法正反演解释软件；开展了自主研制的大功率多功能电磁系统的面积性试验与应用，获取了多功能电法的综合异常，其异常除与矿区已知矿体相对应外，还发现了新的找矿线索，取得显著的试验应用效果；项目执行中发表论文 25 篇，其中 SCI、EI 检索论文 6 篇，获得发明专利 2 项，登记软件著作权 7 项，培养博士生 17 人、硕士生 18 人。

分布式接收机

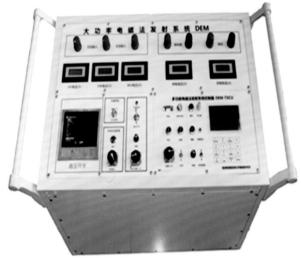

大功率发射机

天然气水合物原位地球化学探测系统

主要完成人：顾玉民、潘依雯、赵金花、胡波、高磊、郑豪、陶军、夏枚生、陈春亮、李云达

完成单位：中国地质科学院矿产资源研究所、浙江大学、广州海洋地质调查局

成果简介：①提交的"可视化原位多参量在线探测系统"采用拖曳式、多参量传感器集成探测方式，是目前我国大水深拖曳探测可搭载传感器最多的拖体，为海域天然气水合物快速勘查提供了新的技术手段。②集成海底摄像、照相的原位探测技术，实现了原位地球化学探测与实时目视观测海底地貌景观、生物种群分布等地质特征的综合探测，极大提高了找矿标志确立的准确性。③多参量原位探测传感器包括 CH_4、H_2S、CO_2、Eh（氧化还原电位）、DO（溶解氧）、Ph 和 CTD（电导、温度、深度）共九种传感器。实现一次作业多参数探测数据的融合处理，实时跟踪成矿异常，作业效率极高。原位探测技术克服了传统的试验室测试技术因测试样品运移过程中温压变化造成的数据失真问题。④成果取得了大水深探测装备研制多项关键技术的突破，包括遥测遥控技术、多参量数据融合技术、大水深供电、数据实时传输技术等，提高了我国自主研发大洋探测设备的能力，为推动大洋探查装备的自有知识产权化具有重要意义。⑤成果是 ROV、AUV 及载人潜水器等大型高精细作业系统的前端勘查手段，除应用于天然气水合物等大洋资源的勘查外，还可应用于水下结构物探查、海域环境保护等多个领域。具备作业效率高、制造和作业成本低的优势，尤其适合大范围快速勘查、圈定找矿靶区作业。应用前景广泛，社会经济效益显著。

可视化原位多参量在线探测系统南海作业（央视报道）

5 地质科技十大进展

　　2015 年 12 月 23 ~ 24 日，中国地质调查局、中国地质科学院 2015 年度科技成果交流暨地质科技十大进展评选会在京举行。来自国土资源部、科技部、中国科学院、国家自然科学基金委员会、中国地质大学 (北京)、中国地震局、中石化等多家单位的 38 位院士、专家对 48 个参选项目经投票评选出 2015 年度"地质科技十大进展"，经中国地质调查局科技委审议和局务会议审定，并在全国地质调查工作会议上发布，其中 6 项由中国地质科学院完成。此次评选由中国地质调查局组织，中国地质科学院实施。

　　神狐及其邻近海域天然气水合物资源勘查取得重大突破、武陵山复杂构造区古生界海相油气实现重大突破、创新引领准噶尔盆地砂岩型铀矿找矿取得历史性突破、我国首例千万吨级斑岩－浅成低温热液型铜（金银）矿床诞生、首次揭示南极大陆岩石圈三维整体格架、全国耕地地球化学状况首次发布、西南石漠化综合治理技术创新驱动火龙果生态产业跨越式发展、创新地下水保障能力评价理论服务国家粮食安全战略、大口径同径长钻程超千米连续取心和单回次进尺创钻探世界纪录、长羽毛恐龙及翼龙研究取得新发现等十项成果入选"地质科技十大进展"，集中代表了 2015 年度中国地质调查和地学研究的重要进展，这些地质科技成果在解决资源环境问题和基础地质问题、实现转化应用和有效服务、推动科学理论创新和技术方法进步、促进人才成长和团队建设等方面成效显著，发挥出科技支撑引领找矿突破、服务生态文明建设的作用，对社会各界了解我国地质行业为国民经济发展所做的贡献、对提高地质行业的社会认知度起到积极作用。

2015 年度"地质科技十大进展"入选情况

序号	成果名称	主要完成单位	项目负责人
1	科技创新引领找矿突破——我国首例千万吨级斑岩－浅成低温热液型铜（金银）矿床诞生	中国地质科学院矿产资源研究所，西藏地质矿产勘查开发局第五地质大队，中铝矿产资源有限公司，成都理工大学，中国地质科学院地质力学研究所	唐菊兴
2	首次揭示南极大陆岩石圈三维整体格架	中国地质科学院地质力学研究所	安美建 Douglas Wiens（美）赵越 冯梅
3	全国耕地地球化学状况首次发布	中国地质科学院地球物理地球化学勘查研究所等	成杭新
4	西南石漠化综合治理技术创新驱动火龙果生态产业跨越式发展	中国地质科学院岩溶地质研究所，中国地质调查局国土资源航空物探遥感中心，中国科学院广西植物研究所	蒋忠诚 马祖陆
5	创新地下水保障能力评价理论服务国家粮食安全战略	中国地质科学院水文地质环境地质研究所，中国农业大学，核工业航测遥感中心	张光辉 田言亮
6	长羽毛恐龙及翼龙研究取得新发现	中国地质科学院地质研究所，河南省地质博物馆	吕君昌

1. 科技创新引领找矿突破 —— 我国首例千万吨级斑岩 — 浅成低温热液型铜（金银）矿床诞生

中国地质科学院矿产资源研究所唐菊兴研究员团队在地质调查、企业委托、国家公益性行业专项等项目资助下，开展产学研结合，在条件极其艰苦的藏北阿里地区，经过 3 年的艰苦会战，全力促进多龙整装勘查区找矿突破。研究了多龙地区成矿地质背景和找矿方向，查清了成矿规律和资源潜力，明确了高硫化型浅成低温热液－斑岩型矿床的主攻矿床新类型，提出了铁格隆南矿床中浅部浅成低温型矿体叠加在中深部斑岩型矿体之上的新认识。通过找矿实践，研发了野外快速勘查评价技术方法组合，开展了斑岩成矿系统深部找矿示范，完善了青藏高原矿床成矿系列，创新了西藏斑岩－浅成低温热型矿床的勘查模型。在创新理论的支撑下，引领中铝矿产资源公司和西藏地勘局勘查评价了我国首例千万吨级浅成低温热液－斑岩型矿床——铁格隆南铜（金银）矿床（$1098×10^4$t@Cu0.53%），预测铜远景资源量超过 $1500×10^4$t，结束了西藏没有超大型高硫浅成低温热液－

斑岩型铜（金银）矿床的历史，开辟了找矿新方向。项目实施过程中建立了一支西藏重要成矿带固体矿产勘查评价创新团队，团队中 1 人被授予李四光学者（卓越地质人才）称号，1 人被评为 2015 年全国先进工作者，1 人入选 2015 年青年千人计划，1 人获青年地质科技奖银锤奖。

铁格隆南斑岩–浅成低温热液型矿床矿区

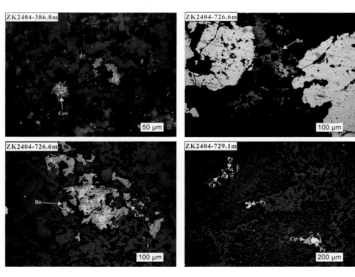

浅成低温–斑岩型金属矿物组合
Py—黄铁矿；Cp—黄铜矿；Cov—铜蓝；Bn—斑铜矿

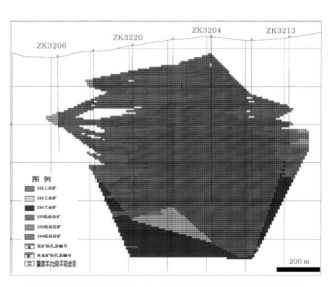

铁格隆南铜矿区 32 线 Cu 元素品位插值模块剖面模型

2. 首次揭示南极大陆岩石圈三维整体格架

中国地质科学院地质力学研究所安美建、赵越研究员团队在国家自然科学基金、中国国际极地年、国家极地专项、地质调查等项目资助下，在国际极地年旗舰项目多国联合工作中，历经数年技术研发，使用美国、中国等国家在气候环境极端恶劣的南极内陆高原获得的最新观测数据，在国际上首次获得了南极板块高精度岩石圈三维结构，查明了南极大陆整体构造格架，解决了南极重要的基础地质问题，发现了20Ma前俯冲到南极半岛之下的板片残余，揭示了东南极山系是冈瓦纳超大陆最后聚合形成时的缝合带，促进了全球板块构造理论体系的健全和发展，主要成果发表在《地球物理研究杂志》、《南极科学》等国际核心期刊，在国际上产生了重要的学术影响，提高了中国在南极事务中的影响力。在与国际一流科学家竞争与合作的联合研究中，造就了一支具有国际影响力的、创新能力突出的研究团队。

南极最高点的中国昆仑站地震台

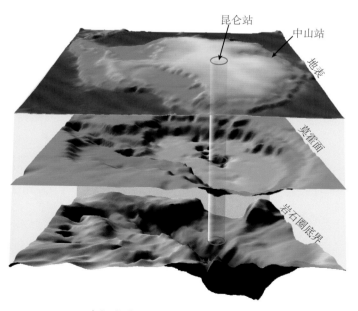

南极大陆及周边三维岩石圈结构图

中央电视台播出《中国耕地地球化学调查报告
（2015年）》

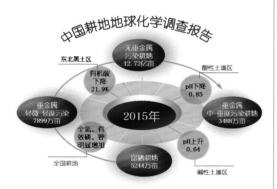

从数字看我国耕地地球化学状况

3. 全国耕地地球化学状况首次发布

中国地质科学院地球物理地球化学勘查研究所成杭新研究员团队在地质调查项目资助下，组织全国77家单位10万余人次，开展土地地球化学调查，对我国耕地地球化学总体状况做出重大判断。2015年6月25日正式发布《中国耕地地球化学调查报告（2015年）》，产生深远影响。在已调查的13.86亿亩耕地中，无重金属污染耕地面积12.72亿亩、富硒耕地5244万亩、重金属中－重度污染面积3488万亩，同时东北黑土地有机质明显下降，南方耕地酸化和北方耕地碱化趋势加剧。调查过程中形成了土地质量地球化学调查、评价、监测、预警系列技术规范，提出并推动了生态地球化学理论和学科的建立和快速发展，实现了勘查地球化学理论的原始创新，在技术方法上取得重大突破。调查成果更好地服务土地资源管理，支撑国家土壤环境保护重大政策法规的制定；富硒等特色耕地资源已得到初步开发，成为地方经济发展的增长点。项目实施过程建立了一支25人的地球化学调查研究团队，其中1人被授予中国地质调查局杰出地质人才称号，1人被评为全国国土资源管理系统先进工作者，有力支撑了全国土地质量地球化学调查和区域化探工作的实施。

无重金属污染耕地分布图

4. 西南石漠化综合治理技术创新驱动火龙果生态产业跨越式发展

中国地质科学院岩溶地质研究所蒋忠诚、马祖陆研究员团队在国家科技支撑计划和地质调查项目资助下，联合中国地质调查局国土资源航空物探遥感中心和中国科学院广西植物研究所，创新了石漠化区水土漏失理论及水土联合调控模式，研发了石漠化遥感调查与地面监测评价技术方法，查明了21世纪以来国家石漠化综合治理工程取得的进展和问题，提出了国家第二期石漠化治理建议。在广西果化等地开展了石漠化综合治理试验，创建了石漠化区表层岩溶水复合蓄引生态调控技术、不同水土漏失环境下的景观生态型土地整理技术、岩溶土壤火龙果栽培管理系列技术。年开发利用岩溶水资源5万多立方米，保障了居民饮用水安全；防治水土漏失的土地整理8000亩，水土漏失得到根治；本土植物霸王花成功授粉长出火龙果，火龙果生态产业实现了由试验到产业化的转变，辐射带动周边20多万农民脱贫致富。项目实施过程中形成了30人的岩溶生态与石漠化治理研究创新团队，团队中1人入选国土资源科技领军人才，1人入选国土资源杰出青年科技人才，1人入选广西杰出青年人才。

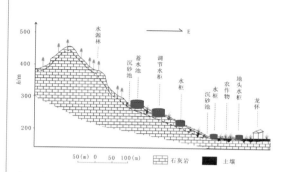

表层岩溶水复合蓄引生态调控模式图

2015年广西平果果化石山区火龙果成为主要产业

云南省南洞地下河流域石漠化与水土流失

广西平果果化石漠化治理示范区景观生态型土地整理效果

5.创新地下水保障能力评价理论服务国家粮食安全战略

小麦主产区地下水保障能力野外调查与监测

中国地质科学院水文地质环境地质研究所张光辉研究员团队在地质调查项目资助下，联合中国农业大学、核工业航测遥感中心，围绕国家粮食安全战略实施的需求，创新关键技术，查明了我国东北、黄淮海平原和长江流域的国家粮食主产区范围、井渠密度分布状况、农作物布局结构与播种强度及其灌溉用水对地下水的依赖程度，揭示了农业超采区地下水位"强降－弱升"规律。在破解黄淮海平原地下水超采与气候、农作物播种强度、陆表水文和地下水资源状况的互动机制基础上，创建了适宜我国粮食主产区的地下水保障能力评价理论与方法，并首次阐明了我国粮食主产区地下水保障能力状况，指明了黄淮海平原耗水农作物需重点优化调整范围、程度和缓解农业超采地下水对策，为国家粮食安全战略决策和针对性解决华北农业超采地下水问题提供重大科学依据，拓展和丰富了我国区域地下水评价理论。项目实施过程中形成了一支地下水资源综合评价与开发利用科技创新团队，团队中1人入选国土资源科技领军人才，1人获"省突出贡献中青年专家"和"黄汲清地质科技奖"，1人获"省直青年五四奖章标兵"。

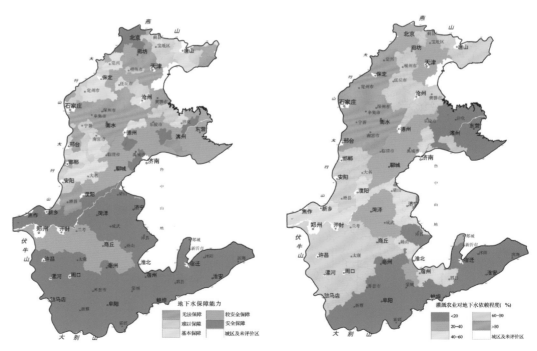

黄淮海粮食主产区灌溉农业对地下水依赖程度和地下水保障能力分布状况

6. 长羽毛恐龙及翼龙研究取得新发现

中国地质科学院地质研究所吕君昌研究员团队在国家自然科学基金项目及地质调查项目等资助下，联合河南省地质博物馆、英国爱丁堡大学等单位，在江西赣州地区晚白垩世地层中发现了新的窃蛋龙类化石——赣州华南龙，为研究窃蛋龙类恐龙的颅面演化、古地理分布及古生态环境提供重要信息；在辽西早白垩世地层中发现了大型的、短前肢的新驰龙类恐龙——孙氏振元龙，首次为大型、短前肢类型的驰龙类提供羽毛形态学方面的重要信息，为研究驰龙类的多样性、鸟类羽毛以及飞行起源提供了重要依据；在辽西发现的喙嘴翼龙类翼龙——朝阳东方颌翼龙，为该地区晚侏罗世地层中发现的第一件翼龙标本，不仅填补了时代上的空白，同时对于印证晚侏罗世喙嘴龙类的辐射演化具有重要作用。这些重大发现对于研究古生物学中的窃蛋龙类的演化、驰龙类羽毛演化及鸟类羽毛起源等热点与难点问题提供了重要的参考依据，尤其在建立新属种的基础上，首次提出赣州恐龙动物群的概念，对于研究该地区古生物物种的系统演化、古地理分布与其他动物群对比等具有重要的指导意义。项目实施过程中培养了一支在恐龙化石调查和研究、挖掘和修复方法与技术日趋成熟的科技创新团队。

朝阳东方颌翼龙复原图（由赵闯绘制）

孙氏振元龙正型标本

赣州华南龙复原图（由赵闯绘制）

6 重点实验室与科技条件平台建设

重点实验室与科技平台建设是中国地质科学院科技创新的主体，是学科发展和培育的重要载体，是集聚和培养高层次科技创新人才的重要场所。

截至 2015 年年底，中国地质科学院拥有国际化平台 2 个，国家级科技平台 3 个，国土资源部重点实验室 14 个，中国地质调查局重点实验室 5 个，中国地质科学院重点实验室 9 个，此外还有 5 个国土资源科普基地、4 个国土资源部级检测中心、11 个中国地质调查局业务中心、15 个国土资源部野外观测基地；正在建设中国地质科学院京区地质科研实验基地。

2015 年度，实验室和科技平台研究成果丰富，科技成果显著，学术交流活动丰富多彩，科技人才辈出，提高了全院科学研究水平，增强了全院的科技创新能力。

国际化平台

序号	名　　称	依托单位	主任
1	联合国教科文组织国际岩溶研究中心	岩溶地质研究所	刘同良
2	联合国教科文组织全球尺度地球化学国际研究中心	地球物理地球化学勘查研究所	彭轩明

国家级平台

序号	名　　称	依托单位	主任
1	北京离子探针中心（国家科技基础条件平台）	地质研究所	刘敦一
2	国家现代地质勘查工程技术研究中心	地球物理地球化学勘查研究所	彭轩明
3	岩溶动力系统与全球变化国际联合研究中心	岩溶所地质研究所	刘同良

国土资源部重点实验室

序号	名 称	依托单位	主任
1	国土资源部大陆动力学重点实验室	地质研究所	许志琴
2	国土资源部同位素地质重点实验室		朱祥坤
3	国土资源部地层与古生物重点实验室		纪占胜
4	国土资源部深部探测与地球动力学重点实验室		高 锐
5	国土资源部成矿作用与资源评价重点实验室	矿产资源研究所	毛景文
6	国土资源部盐湖资源与环境重点实验室		郑绵平
7	国土资源部新构造运动与地质灾害重点实验室	地质力学研究所	张永双
8	国土资源部古地磁与古构造重建重点实验室		孙知明
9	国土资源部生态地球化学重点实验室	国家地质实验测试中心	庄育勋
10	国土资源部地下水科学与工程重点实验室	水文地质环境地质研究所	陈宗宇
11	国土资源部地球化学探测技术重点实验室	地球物理地球化学勘查研究所	王学求
12	国土资源部地球物理电磁法探测技术重点实验室		方 慧
13	国土资源部岩溶生态系统与石漠化治理重点实验室	岩溶地质研究所	蒋忠诚
14	国土资源部岩溶动力学重点实验室		袁道先

中国地质调查局重点实验室

序号	名 称	依托单位	主任
1	中国地质调查局地应力测量与监测重点实验室	地质力学研究所	陈群策
2	中国地质调查局地下水污染机理与修复重点实验室	水文地质环境地质研究所	韩占涛
3	中国地质调查局元素微区与形态分析重点实验室	国家地质实验测试中心	詹秀春
4	中国地质调查局地球表层碳−汞地球化学循环重点实验室	地球物理地球化学勘查研究所	成杭新
5	中国地质调查局岩溶塌陷防治重点实验室	岩溶地质研究所	雷明堂

中国地质科学院重点实验室

序号	名 称	依托单位	主任
1	中国地质科学院地应力测量与监测重点实验室	地质力学研究所	陈群策
2	中国地质科学院页岩油气调查评价重点实验室		王宗秀
3	中国地质科学院 Re-Os 同位素地球化学重点实验室	国家地质实验测试中心	屈文俊
4	中国地质科学院元素微区与形态分析重点实验室		詹秀春
5	中国地质科学院地下水污染机理与修复重点实验室	水文地质环境地质研究所	韩占涛
6	中国地质科学院第四纪年代学与水文环境演变重点实验室		赵 华
7	中国地质科学院地球表层碳−汞地球化学循环重点实验室	地球物理地球化学勘查研究所	成杭新
8	中国地质科学院岩溶塌陷防治重点实验室	岩溶地质研究所	雷明堂
9	中国地质科学院 合肥工业大学 矿集区立体探测重点实验室	矿产资源研究所、合肥工业大学	吕庆田

中国地质调查局业务中心

序号	名　　称	依托单位
1	全国地质编图研究中心	地质研究所
2	中国地质调查局地层与古生物研究中心	
3	中国地质调查局三维地质调查研究中心	
4	中国地质调查局大陆动力学研究中心	
5	中国地质调查局全球气候变化地质研究中心	岩溶地质研究所
6	中国地质调查局矿产资源成矿规律与成矿预测研究中心	矿产资源研究所
7	中国地质调查局地球深部探测中心(中国地质科学院地球深部探测中心)	中国地质科学院(院部)
8	中国地质调查局地热资源调查研究中心	水文地质环境地质研究所
9	中国地质调查局新构造与地壳稳定性研究中心	地质力学研究所
10	中国地质调查局土地质量地球化学调查评价研究中心	地球物理地球化学勘查研究所
11	中国地质调查局地质分析测试技术标准研究中心	国家地质实验测试中心

国土资源科普基地

序号	命　名　单　位	依托单位	推荐单位
1	中国岩溶地质馆	岩溶地质研究所	中国地质调查局
2	李四光纪念馆	地质力学研究所	
3	地下水科学与工程试验基地	水文地质环境地质研究所	
4	罗布泊钾盐研究与资源利用科学观测站	矿产资源研究所	
5	国土资源部盐湖资源与环境重点实验室		

国土资源部质量监督检测中心

序号	名　　称	监测范围	承担单位
1	国家地质实验测试中心	有色、黑色、稀有稀散、贵金属等金属矿产、非金属矿产、能源矿产及产品;生态地球化学环境(包括土壤、矿石、矿物、沉积物、水质、气体、生物等);地下水、矿泉水、海水	国家地质实验测试中心
2	国土资源部地下水矿泉水及环境监测中心	地下水、地表水、矿泉水及产品;水文地球化学环境、矿山地质环境和农业地质环境(包括土壤、水质、气体、岩石、矿物、沉积物、生物等);第四纪地质环境(包括沉积物年代、孢粉、微体、岩矿鉴定、古地磁实验等);工程地质及环境(包括土工试验、岩石物理力学实验、岩土微结构分析、工程地质检测等)	水文地质环境地质研究所
3	国土资源部地球化学勘查监督检测中心	铁矿石、锰矿石、铬铁矿、铜矿石、铅矿石、锌矿石、多金属矿、钒钛磁铁矿等产品	地球物理地球化学勘查研究所
4	国土资源部岩溶地质资源环境监督检测中心	岩溶地质、生态地球化学环境、矿山地质环境及农业地质环境(包括土壤、水质、气体、岩石、矿物、沉积物、生物等);岩溶地下水、矿泉水;金属、非金属;岩石物理性质及土工试验	岩溶地质研究所

国家级平台

1. 北京离子探针中心（国家科技基础条件平台）

北京离子探针中心是由科技部和财政部共同认定的首批国家科技基础条件平台。主要从事地质年代学和宇宙年代学研究；发展定年新技术新方法；进行必要的矿物微区稀土地球化学研究；解决重大地球科学研究课题中的时序问题，特别是太阳系和地球的形成及早期历史研究；主要造山带的构造演化研究；地质年代表研究；大型和特殊矿床成矿时代研究并从事科学仪器研发。

核心仪器是两台 SHRIMP II (Sensitive High Resolution Ion Microprobe II) 大型二次离子探针质谱计。2015 年，中心的两台 SHRIMP II 仪器继续保持了高效运转，年有效服务机时达到 9816.50 小时。新引进的一台 HORIBA LabRAM HR Evolution 型高分辨激光显微共焦拉曼光谱仪已于 2015 年 8 月在离子探针北清路生命科学园实验研究基地安装并通过验收。该仪器主要用于探讨锆石自身微量放射性元素导致的蜕晶质作用对同位素定年结果准确性和可靠性的影响，将对提高中心矿物年代学的相关研究水平发挥重要作用。

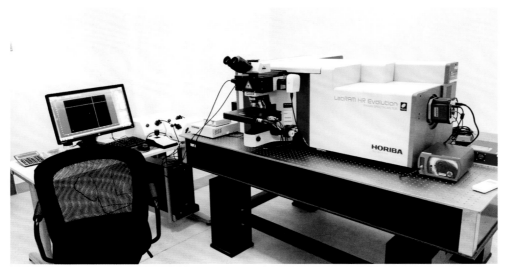

高分辨激光显微共焦拉曼光谱仪

重大项目及科研进展

中心承担的国家重大科学仪器设备开发专项项目"同位素地质学专用 TOF-SIMS（飞行时间二次离子质谱）科学仪器" 2015 年度取得重要进展，仪器主要部件的单独加工调试和两台整机的总体装配均已完成，在进行总体调试和指标优化工作。氧离子源一次离子束斑直径可达 5μm；铯离子源一次离子束斑直径可达 3μm；质量分辨率在质荷比 =122 时，达到 14000。

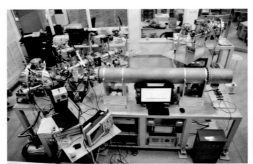

中心研发的两台 TOF-SIMS 仪器整机（已组装完成，正在进行调试）

领导关怀

2015 年 6 月 29 日，国土资源部党组成员，中国地质调查局局长、党组书记钟自然一行到北京离子探针中心北清路实验研究基地视察并做重要讲话。中国地质调查局党组成员、中国地质科学院党委书记王小烈和地质所领导班子成员随同视察。

钟自然局长一行视察离子探针新基地大型质谱仪器研发中心

国际合作与交流

2015 年，中心及中国国际前寒武研究中心主办"前寒武纪地表过程"国际讲座和内蒙古大青山地区国际野外地质考察活动获圆满成功，对提高中国前寒武地质研究水平和培养年轻地质工作者起到了重要的推动作用。

"前寒武纪地表过程"国际讲座

内蒙古大青山地区国际野外地质考察活动

2. 国家现代地质勘查工程技术研究中心

主要研究方向和内容：围绕国家对土地资源管护和矿产资源的重大需求，针对性地在地球物理、地球化学等重要研究领域和技术发展方向，开展科技创新研发和科技成果转化应用。

重点领域：矿产资源勘查、油气及非常规能源勘查、环境生态地球化学调查与评价、地热勘查、地质灾害调查与评估、地球化学标准物质研制、地质分析测试技术、仪器设备研发、方法技术完善与成果推广应用、水文地质与工程地质勘查等。中心与依托单位（中国地质科学院地球物理地球化学研究所）的关系为"一个机构、两块牌子"。

中心于 1993 年 11 月 28 日通过原国家科委专家委员会论证。1994 年 3 月 18 日原国家科委批准《计划任务书》并进入正式组建运作中。1998 年 4 月通过原国家科委评估中心验收并投入正式运行至今。由于中心运行效果良好，多次被国家科技部列入国家工程技术研究中心再建计划，得到国家的进一步支持。

重要成果

航空物探调查成果为资源勘查突破提供支撑。由中心主持研制的彩虹-3 中型无人机航空地球物理综合测量系统为基础地质调查增添了新技术支撑和服务手段，面积性开展了塔里木等重要油气盆地的航磁调查，并在 2015 中国国际矿业大会首次公开展示中受到了中央电视台等新闻媒体高度关注和报道。利用无人机航空物探技术配合武汉地质调查中心与商务部签订了援利比里亚矿产资源调查技术合作项目，科研人员已前往利比里亚开展前期工作，标志着利用较成熟无人机航空物探技术跻身国际能源资源勘查工作的实现。

彩虹–3 中型无人机航空地球物理综合测量系统

积极开展仪器升级改造，促进科技成果转化。研制完成碳分析仪与配套设备，开展全自动塞曼测汞仪、隔爆型无线电波坑道透视仪、新型全自动双通道气体发生 - 原子荧光光谱仪、金属矿坑道无线电波 CT 系统等仪器升级改造，其中，研发的国内外领先水平的新型全自动双通道气体发生 - 原子荧光光谱仪共取得 22 项国家实用新型专利。同时，向安哥拉人民共和国销售 XGY-1011A 原子荧光光度计仪器 6 套，销售原子荧光光谱仪 18 套，WKY-7 型坑透仪 1 套。

积极推进地球化学调查样品分析方法标准化。完成了地球化学调查样品 76 种元素分析方法的标准化工作，初步形成了 58 种分析方法的标准文本送审稿；通过解决质谱干扰问题、研究元素分馏效应定量评价方法，建立了熔融制样 LA-HR-ICP-MS 法测定铌、钽、锆、铪和稀土元素等

新型全自动双通道气体发生 - 原子荧光光谱仪（实物图）

49 种元素的分析方法。油气化探土壤标准物质研制进入定值分析阶段；支撑安哥拉 IGEO 基础设施项目，圆满完成对安方的 25 名实验室分析技术人员理论知识和操作实习技术培训，推动中国的地球化学分析技术走向世界。地球化学标准物质研制稳步推进，2015 年研制了 7 个土壤、10 个水系沉积物、6 个岩石和 17 个 Au 标准物质；组合制备标准控制样 960 组共计 64000 件，对外发行单位 625 家，有效监控了 900 余批次样品分析质量，2015 年度签署标准物质 1200 项。

国际发行交流分布图

安哥拉培训学员结业典礼

3. 岩溶动力系统与全球变化国际联合研究中心

定位：通过国际科技合作，分享当今世界最新的资讯和成果；积极利用国际科技资源，服务国家经济社会发展的大局；同时在岩溶动力系统运行规律与岩溶作用对全球碳循环的意义及碳汇效应、石笋高分辨率古气候记录、应对极端气候岩溶含水层管理和脆弱岩溶生态系统对全球变化的响应等四个方面取得创新性成果，尤其是在发展中国家的岩溶区资源环境问题对策，起引领和示范作用。依托中国地质科学院岩溶地质研究所和联合国教科文组织国际岩溶研究中心（"一套人马"）。

国土资源部重点实验室

1. 国土资源部大陆动力学重点实验室

定位：从全球构造观出发，运用野外调查、深部地球物理探测、大陆科学钻探、同位素地球化学示踪、深孔长期观测等手段，开展大陆组成、结构、行为、动态演化及深部驱动机制的多学科综合研究，探索和解决中国（亚洲）大陆构造与动力学的若干重大关键科学问题，建立大陆构造与动力学理论体系，促进固体地球科学发展，提高我国公益性地质调查水平，为资源、能源和减灾的国家利益和社会需求服务。

主办"国际地球科学 IGCP–649 项目" 2015 国际学术研讨会，来自 9 个国家、10 所院校和科研单位的 106 名专家及青年学者参加会议和会后野外考察等。发表论文 97 篇，其中国际 SCI 检索论文 52 篇。

重要成果

提出"青藏高原——造山的高原"理念；再造青藏高原特提斯体制和构造格架；发现新特提斯蛇绿岩中原位金刚石和深地幔矿物群；揭示新特提斯洋盆俯冲新机制，印度／亚洲碰撞的早期岩浆和在喜马拉雅折返中的作用；初步建立喜马拉雅三维碰撞造山机制和折返全过程；提出青藏高原东南缘物质逃逸的新机制——弯曲与地壳解耦，青藏高原碰撞造山成矿模式，青藏高原俯冲型、碰撞型及陆内型片麻岩穹窿，青藏高原东缘汶川强震的构造背景和强震机制，开展了印度／亚洲碰撞过程的数值模拟。

2. 国土资源部同位素地质重点实验室

主要研究方向：同位素地质学（包含同位素地质年代学与同位素地球化学）基础理论、测试技术和在解决重大地质问题和资源、环境、生态问题方面的应用研究。

2015 年度同位素热年代学实验室（氩－氩年代学实验室和（U-Th）/He 年代学实验室）承担"973"计划专题 2 项、国家自然科学重点基金项目 1 项、面上基金项目 2 项、青年基金 8 项、

2015 年科普示范基地暑期开放八一中学师生参观

地质调查项目 3 项、公益性行业科研专项（项目和课题）5 项、基本科研业务费项目 4 项；1 项青年基金项目通过验收，公益性行业科研专项"同位素新技术示范研究与标准物质研制"以优异成绩通过验收。以第一作者发表论文 19 篇，其中国际 SCI（EI）检索论文 7 篇，国内 SCI（EI）检索论文 8 篇，核心期刊论文 8 篇。

派遣 1 名青年科技人员赴美国亚利桑那州立大学进修低温同位素热年代学。组织了"同位素地质专业委员会成立 30 周年暨同位素地质应用成果学术讨论会"（400 人参会），2015 年中国地球科学联合学术年会"同位素热年代学理论与方法及其应用"讨论专题（百名代表参会，30 余人做学术报告），3 人分赴地球化学年会、GSA 年会等展示成果。南非约翰内斯堡大学 Nicolas Beukes 教授来访并作"前寒武纪铁锰成矿作用"学术报告会，Des Patterson 等美国同位素热年代学实验技术专家来访，商讨"锆石激光微区原位（U-Th）/He 定年"技术问题。聘请"英国伦敦大学学院"田云涛博士为客座研究员，合作开发"激光微区原位（U-Th）/He 定年"方法。

同位素地质专业委员会成立 30 周年暨同位素地质应用成果学术讨论会

重要成果

第一个国家钕同位素比值（^{143}Nd/^{144}Nd）标准样品研制成功，获得中华人民共和国国家标准样品证书。确定了锆石（U-Th）/He 标准物质样品源条件；建立了全球首个碳酸盐全岩稀土元素研究的精确定量溶解法；建立了中国目前唯一一家能够投入实际使用的"单颗粒锆石（U-Th）/He 法测年"实验室。完成了超净化学实验室改造，顺利通过验收；自筹经费，对热电离质谱实验室进行改造。

3. 国土资源部地层与古生物重点实验室

主要研究方向：立足地球科学前沿和国家需求，发展地层与古生物学重大基础理论，解决国土资源调查中的关键地层古生物问题，建立和完善新的技术方法体系，开展生命早期演化过程、生物更替与地质环境变迁、重要地层断代对比等基础研究。

重要成果

2015 年，实验室姚建新研究员配合全国地层委员会发布了新版《中国地层表》。吕君昌研究员发现了一种新的长羽毛的窃蛋龙化

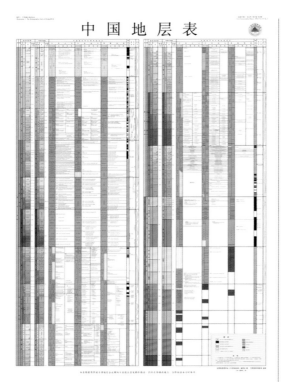

中国地层表

石——赣州华南龙，成果发表在英国自然出版集团旗下的《科学报告》上。此外，金小赤研究员和黄浩博士在鲢类动物群古地理研究、刘鹏举和唐烽研究在埃迪卡拉动物群研究、王旭日博士在鸟类研究、武振杰博士在奥陶纪海相红层研究、彭楠博士在莱阳群沉积物源研究、宗普博士在大气氧含量与生物多样性的关系等方面都取得新的研究成果。

4. 国土资源部深部探测与地球动力学重点实验室

主要研究方向：长期致力于大陆岩石圈结构、构造与地球动力学及其成矿成藏深部过程研究，形成了以深地震反射剖面为先锋的深部探测技术体系和承担国家重大科研项目的创新团队，完成的深地震反射剖面超过 8000km，为中国运用深地震反射剖面研究中国大陆深部构造做出重要贡献。

承担国家自然科学基金重大项目课题 1 项、重点项目 2 项、面上项目 7 项，地质调查项目多项。发表学术论文 17 篇（其中SCI 检索论文 16 篇，EI 检索论文 1 篇）。

重要成果

青藏高原东北缘宽频地震观测的接收函数研究，发现华北克拉通岩石圈地幔俯冲到祁连造山带之下，即亚洲板块向青藏高原下俯冲的地震学证据（Zhuo Ye Rui Gao. et al. EPSL,

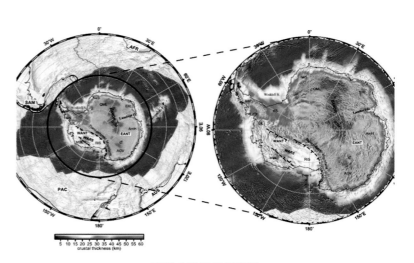

南极大陆地壳厚度图

2015）。在青藏高原东缘，发现龙日坝断裂带而不是龙门山断裂是扬子板块西边界的深反射地震证据（Guo X.Y.，Gao R., et al., Tectonics, 2015）。中美合作南极大陆天然地震观测研究，获得了首幅南极大陆地壳厚度图和南极板块岩石圈厚度图（Meijian An, et al., J. Geophys. Res., 2015）。实验室坚持开放流动，与国内外科研院所和大学合作交流，扩大了实验室的国际影响力。实验室主任高锐研究员当选为中国科学院院士。

高锐院士与 Fenglin Niu 教授在美国 Rice 大学交流地震数据全波形成像问题

5. 国土资源部成矿作用与资源评价重点实验室

定位及研究方向：紧密围绕国家目标和经济社会需求，研究成矿作用过程和成矿背景，发展矿床成矿理论；开展区域成矿规律研究，发展区域成矿理论，进行区域矿产资源潜力评价和成矿远景区划；研究解决矿产资源调查评价中的重大科学问题，研发矿产资源调查评价的新技术、新方法；开展大型典型矿床的勘查示范研究；矿产资源战略研究。

实验室学术委员会会议于 2015 年 5 月 7 日召开。专家指出实验室在矿产资源战略、区划研究方面特色明显，在找矿勘查、资源评价、区域成矿规律研究方面优势突出，申请国家重点实验室既要重视国家重点实验室建设标准，更要发挥实验室的特色和优势，争取成为国家级的矿产资源科技创新中心。实验室主任毛景文研究员率队分别赴中国地质大学（武汉）地质过程与矿产资源国家重点实验室（GPMR）、南京大学内生金属矿床成矿机制研究国家重点实验室进行考察学习，重点就实验室建设与管理、人才培养等方面进行了交流。

考察地质过程与矿产资源国家重点实验室

重点实验室学术委员会会议

考察内生金属矿床成矿机制研究国家重点实验室

丝绸之路经济带矿产资源学术研讨会

组织召开了"丝绸之路经济带矿产资源学术研讨会",围绕丝绸之路经济带所涉及的重要成矿带和矿集区,特别是乌拉尔－蒙古、特提斯、东、西天山、阿尔泰、中亚造山带的形成背景、区域成矿规律、找矿勘查新进展、构造演化和找矿潜力等几个方面进行了研讨。来自各研究所及高校的100多名同行及研究生参加了会议并给予高度评价。

发表论文115篇,其中SCI检索论文70篇;出版专著3部;获国家发明专利3项。唐菊兴、王登红研究员分别获得中国地质调查局首批"李四光学者"卓越地质人才、杰出地质人才称号。

重要成果

理论指导找矿成效显著,西藏班怒成矿带找矿实现重大突破,预测多龙矿集区铜资源量达到2000万吨以上,有望成为全球第25个超级铜资源基地。王登红等承担的"我国三稀资源战略调查"项目通过对甲基卡矿田的地质特征与成矿规律研究,建立了成矿模型,新发现9条锂矿化伟晶岩脉,Li_2O品位1.3%～2.60%(工业品位是0.8%～1.1%,边界品位是0.4%～0.6%),其中新三号脉探获氧化锂64.31万吨,达到超大型规模。郑绵平等以地质、地球物理和盐沉积构造多学科相结合,调查大量油井岩芯和录井等资料,在柴达木盆地、兰坪－思茅盆地、塔里木盆地、鄂尔多斯盆地、四川盆地、江汉盆地等6个有利成钾地区部署开展"油钾兼探"工作成效显著。浅覆盖区找矿勘查技术取得重要进展,通过钻探验证,在准东拉伊克勒克发现大型隐伏斑岩－矽卡岩型铁铜矿,获得铜矿石量(333+334)33941×10⁴t,金属量约101.5×10⁴t,平均品位0.30%。

6. 国土资源部盐湖资源与环境重点实验室

主要研究方向:盐湖与盐类矿产的成矿规律、资源评价和综合利用的理论与方法研究;盐湖(湖泊)环境与全球变化研究;盐湖农业、盐湖生态与健康研究。

实验室作为开展盐湖资源与环境综合研究的国内唯一平台,拥有岩芯扫描仪、激光拉曼光谱仪、电子扫描显微镜、阿尔法、伽马能谱仪,新购进包裹体微区取样仪,研究ICP盐类快速测定方法、有机碳快速测定方法。

2015 年承担的两个计划项目"钾盐资源调查评价"和"陕北奥陶纪盐盆地钾盐资源调查评价",完成了预定工作任务;承担项目课题 22 项,其中:国家自然科学基金项目 8 项,"973"课题 3 项,地质调查工作项目 6 项,其他项目 3 项,经费 2171.6 万元。发表论文 33 篇,其中国际 SCI 检索论文 5 篇,国内 SCI 检索论文 5 篇,国内 EI 检索论文 5 篇,核心期刊论文 15 篇,其他 3 篇,获得荣誉 2 项。积极参与国际学术活动与交流,有 2 人在国际盐湖学会任职。

"钾盐矿产调查与勘查示范"项目 2015 年度下设 11 个子项目,通过郑绵平团队联合有关单位,利用多学科综合研究,在我国陆、海相盐盆地找钾取得重要进展,中国地质调查局分两期专门予以报道。郑绵平院士主笔完成《青海盐湖资源综合开发利用及可持续发展战略研究》,并以中国工程院名义报送中央,得到中央领导批示,下达国家发改委落实。1 人获得"程裕淇优秀论文奖",1 人获威廉斯盐湖科学奖。申报发明专利 2 项。2016 年新立两项地质调查二级项目:西部地区钾盐矿产远景调查评价;青藏高原北部盐湖锂等新能源资源综合调查。

学术交流方面,郑绵平院士在 2015 年世界钾盐钾肥会议作主旨演讲;组织了"大师进校园"科普活动,分别赴澳门科技大学、中国地质大学(武汉)、吉林大学珠海分院及北京理工大学珠海学院等大学为大学生演讲,普及盐湖资源及科学研究成果。由中国地质科学院盐湖与热水资源研究发展中心承办了第 218 场中国工程科技论坛 ——"中国盐类工程科技中青年研讨会",参会代表百余人,共有来自盐类资源勘查、盐类化学化工、矿山设计、采选、产业战略分析等盐类产业各环节的近 40 位专家做了报告,呈现了中国盐类产业战略态势,阐述了产业面临的诸多挑战,为国内外同行搭建了全方位的交流平台。同时也呈现了中国优秀中青年专家在面临诸多挑战时做出的成绩,及应对盐类产业中各种工程科技问题所进行的思考。

郑绵平院士在世界钾盐钾肥会议作主旨演讲

7. 国土资源部新构造运动与地质灾害重点实验室

主要研究方向:从事新构造与活动断裂、重大地质灾害形成机理与成灾模式研究,探索重大地质灾害预测评价理论与技术方法,建立活动构造与地质灾害减灾防灾科技交流平台和研究基地,为国家减灾防灾战略提供决策依据和技术支撑。目前已初步形成新构造运动－构造地貌－活动断裂－地震地质－现今构造应力场－区域地壳稳定性－重大地质灾害成灾模式与风险控制系统研究特色和平台。

2015 年，承担地质调查项目 26 项，基本科研事业费项目 12 项，公益性行业科研专项项目 4 项，国家自然科学基金项目 17 项，科技支撑课题／专题 4 项，国际合作项目 1 项，横向／社会项目 11 项。发表论文总数 108 篇（第一作者），其中包括 SCI/EI 检索论文 68 篇，核心期刊论文 33 篇；专著 2 部；获发明专利 1 项、实用新型专利 1 项，软件著作权登记 2 项。参加国内外学术会议 60 余人次，其中邀请国外专家来访 4 人次，邀请国内专家讲学 28 人次；举办 2 次学术沙龙；承办学术领域内研讨会 8 次约 300 余人次，包括"李四光思想研讨会"等。

现有研究人员 68 人，实验人员 14 人，管理人员 2 人，在读硕士、博士 16 人，在站博士后 5 名。

重要成果

（1）大巴山深部地壳结构与平衡剖面研究取得新认识。

1）北大巴山以地表韧性剪切、紧闭褶皱和深部双重推覆构造变形为主，南大巴山以具多层滑脱特征的冲断－褶皱变形为主。

2）新元古代 — 中生代，大巴山构造带经历了五阶段的构造－岩浆演化。

（2）完成了鲜水河断裂带活动性分析、地质灾害调查与易发性评价，对川藏铁路线路方案优化提出了建议。

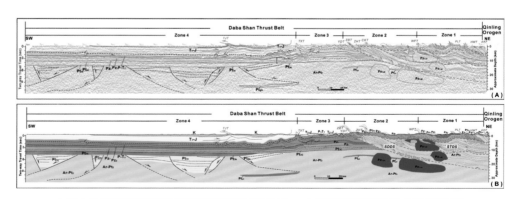

大巴山构造带深反射地震剖面解释图 (A) 和中、上地壳精细变形样式解析图 (B)

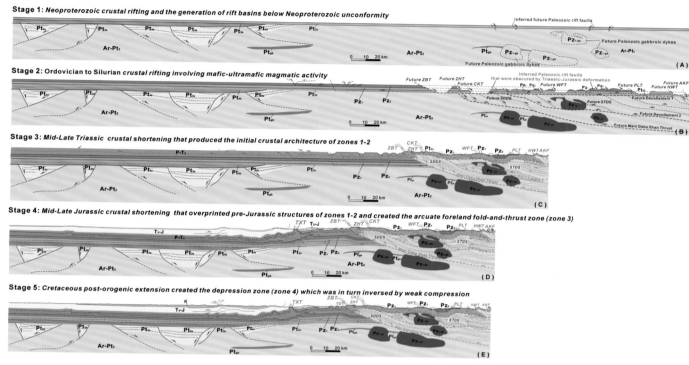

大巴山构造带新元古代 — 中生代五阶段构造－岩浆演化重建模式图

鲜水河断裂滑坡易发性评价图　　　　川藏铁路南线方案理塘段优化建议

　　（3）开展了南北断裂带区域潜在地震滑坡危险性初步评估（1∶100万），开展了天水地区局地尺度的、多种潜在地震工况诱发的滑坡危险性评估（1∶20万），为区域国土规划和山区城镇土地利用提供了地质安全依据。

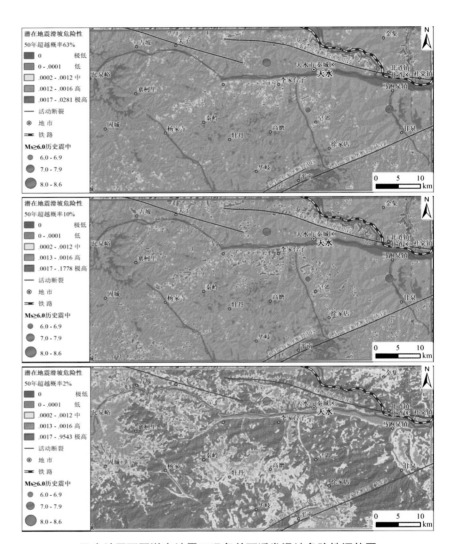

天水地区不同潜在地震工况条件下诱发滑坡危险性评估图

中国地质调查局环境监测院参观团

八大名人纪念馆专家来馆交流

（4）2015年9月，重新布展的李四光纪念馆对外开放，迎来了多批参观者。

8. 国土资源部古地磁与古构造重建重点实验室

古地磁实验室是1963年在李四光教授亲自指导下创建的国内第一家古地磁实验室。研究方向：继承与发扬李四光先生地质力学理论，应用古地磁学方法，结合野外地质学、地球物理学、地球化学等多学科交叉为手段，继续深入研究古构造重建、古环境重塑、典型地层磁性定年以等基础地质问题。

2015 年，共承担研究课题 25 余项，其中地质调查项目 7 项、国家自然科学基金项目 10 项、科技部项目 1 项、横向项目 1 项、其他部委项目 2 项。在国内外发表论文 36 篇 (第一作者)，其中 SCI 检索论文 25 篇，核心期刊论文 11 篇。出版专著 2 部。组织参加国内外学术交流多次。实验设备均运行正常并对外开放。

研究人员和管理人员共有 16 名，客座人员 7 名。在读博士 17 人、硕士 12 人，在站博士后 11 人，专业包括古地磁学、构造地质学、岩石学等。

重要成果

（1）龙门山构造带中生代古地磁结果对四川盆地构造旋转的制约。从构造古地磁学角度，提出龙门山构造带和四川盆地自早三叠世以来，在动力学上已是统一的构造单元，四川盆地并没有发生明显的构造旋转作用。

（2）青藏高原东南缘川滇地块古近纪沉积地层古地磁分析及构造意义。对川滇地块稳定区大姚盆地古近纪红层的古地磁研究，在新生代以来的青藏高原东南缘构造演化过程中，川滇地块受周缘走滑断裂相互作用的影响，使得川滇地块边缘相对于地块稳定区发生了较普遍的差异性旋转。

年会现场

野外工作

(3) 柴达木地块石炭纪古地磁结果及其古地理意义。柴达木块体在石炭纪时期位于北纬27°左右为位置，没有发生明显的纬向运动；在早石炭至晚石炭世之间发生了大约20°的逆时针旋转；在晚二叠世至中三叠世期间很可能发生相对快速的北向漂移运动；柴达木地块与塔里木地块很可能在晚二叠世之后拼合。

9. 国土资源部生态地球化学重点实验室

定位及研究方向：以生态地球化学理论为指导，以国民经济建设和社会发展需求为导向，以生态地球化学基础理论研究和应用研究为主体，以促进人类生态地球化学良好环境，促进和谐科学发展为宗旨，建立国内一流、世界知名的生态地球化学实验室。拥有生态地球化学研究团队和生态地球化学研究技术支持团队。

《华北平原地下水污染调查评价及关键技术研究》获2015年度国土资源科学技术奖一等奖，实验室王苏明教授级高级工程师排名第12；《国家标准物质量值溯源体系优化与能力提升》获得国家质量监督检验检疫总局科技奖二等奖，王亚平研究员个人排名第8。"地下水污染调查评价样品分析质量控制技术要求"获中国地质调查局标准（DD 2014-15）。

重要成果

(1)《稀土矿山环境修复技术研究》。研究了各种矿物中钪元素的富集规律和工作区内基性-超基性岩与蚀变、矿体、矿化带之间的关系，提出了钪矿床的找矿方向，为进一步寻找新的钪资源及尾矿资源的钪元素有效利用提供了思路。按照国家一级标准物质技术规范，研制了6种土壤稀土形态标准物质。

(2) 地球化学工程技术用于离子型稀土矿污染土壤修复取得突破性成果。以足洞废弃稀土矿区修复基地为起点，建立起了一个相对稳定、高效的矿区修复野

稀土矿山修复前与修复后9个月对比

外实验平台。通过小面积的野外现场修复实验，修复区植被得以恢复，减少了矿区水土流失，修复后各项指标（如 pH、氨氮等）都维持在正常水平，并有效固定了氨氮、稀土和重金属元素，控制了其向下游迁移的速度，同时矿区残留氨氮可以作为一种资源进行"再利用"。

（3）有机生态地球化学研究取得综合性成果。选择长三角典型地区开展土地有机地球化学调查与评价工作，完善农田土壤、灌溉水、大气、农作物等多种介质的综合调查和评价工作。形成了"农田有机地球化学调查与评价方法规范"，为土地质量地球化学调查评价与监测的方法技术完善提供支撑，为行业内开展土地有机地球化学调查任务提供示范。

10. 国土资源部地下水科学与工程重点实验室

定位及研究方向：面向国家重大需求和学科发展前沿，研究地下水可持续利用方面的重大前沿基础科学问题和关键科学技术问题，形成自主创新成果，引领中国地下水循环演化和地下水可续性前沿基础科学研究，推进国内、国际科技合作，营造有利于促进创新人才成长的环境，为提高区域地下水利用的安全性和保障能力以及相关国土资源环境问题提供重大科技支撑。

2015 年，共承担项目 30 项，经费 5721.9 万元，其中公益性行业科研专项项目 2 项，国家自然科学基金项目新开 12 项、在研 14 项，地质调查项目 7 项，国际原

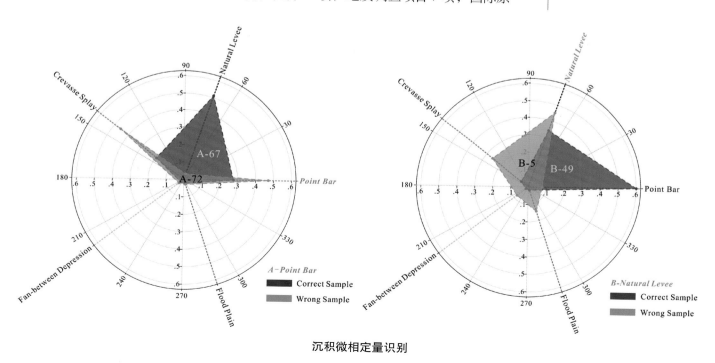

沉积微相定量识别

子能机构（IAEA）资助项目 2 项。发表学术论文 56 篇，其中国际 SCI 检索论文 19 篇，国内 EI 检索论文 5 篇，核心期刊论文 32 篇；出版专著 3 部；获发明专利 3 项。

11. 国土资源部地球化学探测技术重点实验室

定位及研究方向：面向国际学科前沿和经济社会发展中的重大科学问题，开展勘查地球化学领域创新性、基础性、公益性研究，培养创新人才，建成国际领先水平的地球化学探侧技术研究基地。开展全球地球化学基准研究，从事地球化学调查与填图技术研究，发展深穿透地球化学探测理论与技术，为覆盖区和深部矿产勘查提供技术支撑。

2015 年，该团队获得国土资源部创新团队；举办了 6 次国内外学术交流和培训；主办了地球化学探测技术研讨会和全球地球化学填图研讨会；承办和参与了 4 次国际地球化学填图技术培训班，培训学员来自于 30 余个国家 160 余人，实现技术输出和合作共赢。发表论文 43 篇，其中 SCI 检索论文 5 篇，培养拉美杰出青年 1 人、博士后 2 人、博士 6 人、硕士 3 人。

重要成果

（1）在前些年发现纳米金属基础上，进一步确认了纳米晶体，具有晶体外型（大部分呈六边形）和晶格衍射，直接证明了纳米晶体来自于内生成矿作用，获得了纳米地球化学迁移的完整证据链。

（2）全球一张地球化学图编制与成果集成取得重要进展。研发了类似古歌地球的全球一张地球化学图 —— 化学地球平台。将近 40 个国家，覆盖面积近 $3200 \times 10^4 km^2$，约占全球陆地面积的 22% 的地球化学数据纳入化学地球平台。

（3）社会服务为企业走出去资源勘查提供了有力支撑。在蒙古圈定 10 个成矿元素 500 余处找矿远景区。所圈定地球化学异常有 14 处作为内蒙古地质调查院的"向北开放 —— 蒙古重要成矿区带矿产勘查选区"部署依据。有 3 处异常已经由内蒙古有色地质矿业（集团）有限公司跟进获得探矿权。

王学求研究员与"中拉青年科技交流计划"访问学者 Adrian Perez Avila 研究工作

12. 国土资源部地球物理电磁法探测技术重点实验室

主要研究方向：重点开展航空电磁探测、地面电磁探测、井中电磁探测和电磁探测多元信息处理等基础研究，为承担国家地质调查基础性、公益性、战略性研究任务提供技术支撑。

2015 年，邀请国际专家作专题学术报告 1 次，组织召开关键技术问题研讨、成果交流、方法技术培训会议 7 次，参会人数 200 余人；参加国内交流 15 项 50 人次；参加国际学术研讨会 2 次；组织接待了 50 余名外国学者来实验室访问和学术交流。

重要成果

（1）钦杭成矿带湖南段开展的 1:5 万航空物探调查工作，获取了高质量航空物探（磁/放）数据，筛选航磁异常 1343 个，航空伽马能谱异常 329 个，编制了航空物探综合岩性构造图，新发现矿点、矿化点 8 个，完成了全区多金属及放射性铀资源找矿远景区及重点找矿靶区预测，共圈出各类远景区 40 片，重点找矿靶区 52 个。

（2）深入研究磁芯、线圈绕制技术以及磁反馈技术，研制出达国际先进水平的频率域感应式磁场传感器 IGGE-30、IGGE-80，可以完全替代美国 ZONGE 的 ANT/6、加拿大凤凰公司的 AMTC-30、MTC-80 感应式磁场传感器，直接配接国产仪器。

两款磁传感器实物

13. 国土资源部岩溶生态系统与石漠化治理重点实验室

定位及研究方向：以岩溶生态系统研究为核心，揭示岩溶生态系统的结构、功能及其运行规律；科学分析我国岩溶区石漠化、水土流失、植被退化等主要生态问题；探索脆弱岩溶生态系统石漠化综合治理、水土保持和植被恢复与重建的模式、技术。

2015 年，承担科研项目 38 项，包括国家科技支撑项目（课题及子课题）4 项，国家自然科学基金项目 5 项，公益性行业科研专项 1 项，省部级项目 21 项，在石

实验室验收会

实验室挂牌

漠化脆弱生态系统修复、地下水污染调查评价及生态修复、水文地质和工程地质调查等方面取得了重要进展；发表论文 25 篇，其中 SCI、EI 检索论文 3 篇，核心期刊论文 22 篇。

积极开展学术交流，邀请专家作专题报告；参加 6 个国际国内学术会议 8 人次，并做相关专题报告；组织开展 4 项开放课题，目前各项课题正常开展，并已上交中期小结；实验室组织承办了国土资源部岩溶生态系统与石漠化治理重点实验室验收会议、岩溶石山地区石漠化综合治理院士专家论坛会议及实验室 2015 年学术委员会会议等。

在 2015 年 12 月 31 日，实验室以 94 分通过验收并正式挂牌运行。

实验室 2015 年学术年会

14. 国土资源部岩溶动力学重点实验室

定位及研究方向：继续发挥我国岩溶研究的地域优势和国际影响，以国际岩溶研究中心 (IRCK)、国家级联合研究中心为依托，地球系统科学为指导，完善岩溶动力学理论，搭建系列研究实验平台，培养高水平的科技人才，为 IRCK 目标的实现做出贡献，研究岩溶动力系统对全球变化的响应，为岩溶区生态环境问题对策提供科技支撑，为岩溶区国土资源管理提供科技创新。

2015 年，实验室被评为"十二五"科技与国际合作工作先进集体；参加国内国际交流 30 人次；境外科研地调 3 次，主办国际会议 1 次，国内会议 1 次；共承担各类科研地调项目 58 项，新申请国家自然科学基金项目 4 项、国家留学基金 1 项；发表论文 64 篇，其中 SCI 检索论文 18 篇；获实用新型专利 5 项。

重要成果

滇西北高分辨率中全新世洞穴石笋记录在 6270～4185 a（B.P.）期间，呈 3 个百年尺度的台阶状演变，西南季风强度逐渐减弱，存在 3 次干旱寒冷事件，且植被处于自我调节的正向演化过程。

通过对桂林市 1987～1990 年的 65 个地下水监测点长序列水位变化情况分析，且利用甑皮岩附近记录的 15min/次的钻孔水位对降水的响应数据，间接计算出桂林市潜水变幅带给水度值范围为 0.012～0.462，进而推求给水度的空间分布状况。

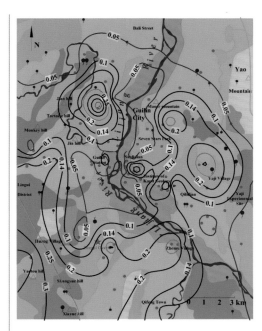

桂林市给水分布图

对不同地质背景水库区夏季水－气界面温室气体交换通量研究表明，出库水体温室气体排放量远大于库区，如何控制水库出库水体的 CO_2、CH_4 释放问题值得关注，同时，在没有大量淹没土壤有机质和植物的情况下，岩溶水补给水库的 CO_2 交换通量要明显高于其他非岩溶水补给的水库。

2015 年，由联合国教科文组织国际岩溶研究中心、中国地质科学院岩溶地质研究所、国土资源部／广西岩溶动力学重点实验室编著的《IRCK IN FIRST 6 YEARS》（国际岩溶研究中心六年历程）中英文对照版由科学出版社成功出版。

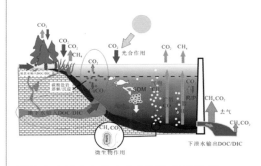

岩溶水库温室气体产生机制与排放途径

泰国 WANG BA DAN 泉国际岩溶
碳汇监测站建立

应对全球气候变化地质调查
与研究专题研讨会

中国地质调查局和中国地质科学院重点实验室

1. 中国地质调查局（中国地质科学院）地应力测量与监测重点实验室

定位及研究方向：发展地应力与构造应力场基础理论、测试技术与方法，研发相关仪器与装备；开展地应力和岩石力学在构造变形、内动力灾害发生和成藏成矿等领域应用，为地球动力学基础研究、资源开发、地质灾害预测预警提供支撑。

2015 年，承担各类项目 30 项，包括科技支撑专题 1 项、国家自然科学基金项目 1 项、公益性行业科研专项项目 3 项、地质调查子项目 5 项，其他项目 20 项。发表论文共 24 篇（第一作者），包括 SCI/EI 检索论文 14 篇；获得实用新型专利 3 项。开展国内外学术交流 8 次，包括参加国际岩石力学大会，邀请新加坡代表团来访等。召开 2015 年实验室学术年会。现有研究人员 24 人，客座研究人员 1 人。

重要成果

①以公益性行业科研专项项目为依托的地应力测量标定实验室建设完成并投入运行，实现了大尺寸岩石样品的双向加载及室内地应力测量过程的物理模拟。②以南方页岩气重点地区地应力场调查子项目为依托，开展了南方页岩气资源分布区地应力场调查工作，配合武汉中心，完成宜地 2 井的原位地应力测试工作，取得该井 1698m 深度页岩储层地应力实测数据，该结果是目前国内该方法公开报道小井眼水压致裂地应力测量的最大深度。③依托海洋保障工程项目，开展了渤海海峡、琼州海峡等区域的地应力调查及地壳稳定性评价工作，为相关工程建设提供了基础数据。④开发地应力监测数据分析系统，实现对已有地应力监测数据的高效数据与分析。

地应力测量标定实验室

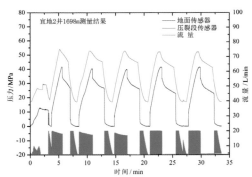

宜地 2 井 1698 米水压致裂测量曲线

2. 中国地质调查局（中国地质科学院）地下水污染机理与修复重点实验室

定位及研究方向：针对我国地下水污染防控与修复基础研究薄弱、修复技术实际应用严重不足、社会与市场需求强烈的现状，在引进、吸收国外创新性研究与应用的基础上，注重修复技术的研发与实践，构建污染机理、场地调查与评价、修复技术研发与应用为研究内容的特色体系。

重要成果

2015 年，承担了地质调查项目"氯代烃芳香烃污染场地调查与修复技术示范"，系统查明了一个被高浓度氯代烃和芳香烃污染的地下水污染场地的污染现状，发现了我国地下水中少见的三氯丙烷污染，以及前人认为不存在的三氯丙烷天然降解迹象，使用原位化学氧化技术降解地下水中多种氯代烃和芳香烃，取得了明显的降解效果；实施地质调查项目"豫西诸盆地地下水污染调查评价"，完成了南襄盆地、三门峡盆地的水文地球化学分析、地下水质量评价、地下水污染评价、地下水防污性能评价，在此基础上编制了区域地下水污染防治区划、建立了南襄盆地、三门峡盆地地下水污染调查数据库；承担环保部公益性行业科研专项"华北平原典型区地下水污染风险与防治区划"，完善了区域地下水污染风险评价与防治区划方法，完成了石家庄市典型区（约 2050km²）地下水污染防治区划示范，划分出保护区约 581km²、防控区约 1457km² 和治理区约 12km²，并结合地下水污染组分、污染源调查提出了典型区不同防治分区的防治策略；与英国纽卡斯尔大学合作开展纳米铁和微米碳粉的精细合成与表征研究，为碳、铁材料在水土污染修复中的应用提供了有利技术支撑。

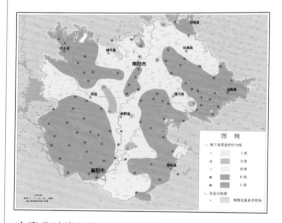

南襄盆地浅层地下水质量图

3. 中国地质调查局（中国地质科学院）元素微区与形态分析重点实验室

定位及研究方向：以搭建创新性微区和形态分析研究平台为主要任务。以 LA-ICPMS、μ-XRF/μ-SRXRF、LIBS、HPLC/GC-ICPMS、SR-XAFS/XANES 等现代微区及联用技术为依托，重点开展矿物主次痕量元素的含量、分配、分布及赋存状态分析方法学及应用研究，并从元素形态学水平上探讨典型矿区样

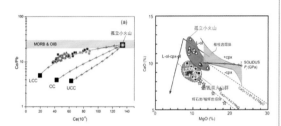

临朐玄武岩橄榄石斑晶中熔体包裹体 LA-ICPMS 数据与文献数据对比（蓝色数据点为 LA-ICPMS 测量值）

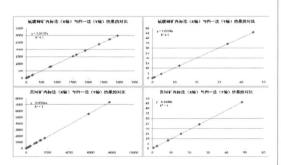

富稀土矿物 LA-ICPMS 内标校准与归一校准分析结果的对比

品不同元素形态分布、迁移、转化规律及其与微生物的相关性，为地质找矿、综合利用和生态研究提供技术支撑。

实验室为矿产资源研究所、地质研究所，中国地质大学（北京、武汉），中国科学院广州地球化学研究所，香港大学等几十家单位提供了仪器共享和技术支撑，分析样品矿物类型包括锆石、石榴石等硅酸盐矿物，黄铁矿、黄铜矿等硫化物矿物以及氧化物矿物及钨酸盐矿物等多种矿物类型。

重要成果

（1）LA-ICPMS 方法学研究进展：制备了人工合成系列石英流体包裹体模拟校准样品。已基本建立了矿物熔体包裹体定量分析方法。对锆石 U-Pb 定年标准样品 Temora 中矿物包裹体进行电子探针和 LA-ICP-MS 原位分析，两种方法主、微量元素具有很好的一致性。建立了稀土氟碳酸盐矿物的 LA-ICPMS 内标法和归一法分析方法。可同时测定包括所有稀土元素在内的 50 余种元素的含量，所得结果与内标法得到结果的相对偏差不超过 5%，而分析效率大大提高，成本显著降低。以共沉淀粉末压片法制备了 3 个硫化物矿物微区备选校准物质开展了均匀性、稳定性和协同定值分析。与其他标样进行校准对比实验，获得了一致的结果。

（2）荧光 X 射线微区原位分析研究进展：进行了仪器的优化，采用新的 X 射线光管，为显微镜的调节增加了空间；最小光斑从 45μm 减小到 19μm，实现了小尺寸样品的面扫描；改进 X 射线光管固定支架，实现入射 X 光在 30°、45°、60° 三种角度下可调；更换样品固定支架，有效降低了实验背景。实现了多元素原位分析测定，是研究元素微区分布特征的有力技术手段。建立 SR-XRF 分析镉在稻米中的原位二维成像方法，获得植物样品镉等多种元素的半定量二维图像。

（3）HPLC/GC-ICPMS 联用技术形态分析研究进展：利用多种质谱联用技术建立了镉在植物体内的分布特征与形态分析方法，包括植物螯合肽（PCn）的 UPLC-ESIMS 及 SEC-HPLC-ICPMS 分析方法。完善了不同砷形态的分离检测方法，主要包括：ASA、ROX、NPAA 三种有机砷形态分离检测方法；AsC、AsB、As^{3+}、DMA、MMA、As^{5+} 六种砷形态同时分离检测方法；

AsB、As³⁺、DMA、MMA、As⁵⁺、ASA、NPAA 七种砷形态同时分离检测方法。该系列方法的建立有利于样品分析中各种检测砷形态的定性与定量。建立了土壤样品中碘形态分析方法，解决了样品处理过程中无机碘形态分析不稳定的问题。

4. 中国地质调查局（中国地质科学院）地球表层碳－汞地球化学循环重点实验室

主要研究方向：研究自然作用与人为干扰过程中碳－汞的地球化学行为与迁移过程；查明地球表层各循环过程的迁移通量及其控制因素；评价碳－汞地球化学循环过程中的生态效应；开展主要农耕区土壤碳库与固碳潜力研究及土地质量地球化学评价，为土地合理利用和环境保护提供科学支撑。

2015 年实验室以优秀成绩通过建设验收。

重要成果

（1）在黑龙江三江流域开展湿地开垦为农田后土壤碳源汇变化监测研究工作，获取动态、静态土壤呼吸监测数据 4700 余组。监测的土壤类型包括沼泽土、草甸土，监测的土地利用方式包括未利用地、水田、旱田。日变化数据表明土壤在一天当中的湿度、生物种类和数量变化不大，温度是一天当中影响土壤呼吸速率最主要的因素。月变化数据显示由于气候因素存在着明显的季节差异，导致土壤碳呼吸的季节变化。另外土壤呼吸变化也受到土地利用方式不同的影响，水田由于在 7～8 月仍为淹水状态，因而碳呼吸极大值出现在 9 月放水之后，与旱田极大值出现在 7～8 月。

（2）完成了河北农田区土壤／大气界面汞交换通量监测，并依

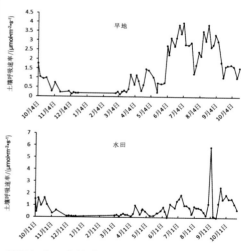

旱田与水田土壤碳呼吸月数据对比

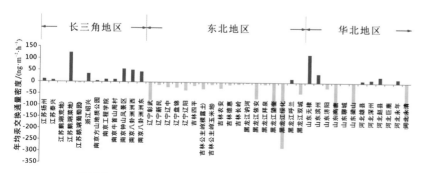

我国各区域农田土壤／大气界面年均汞交换通量密度

据监测数据和气象数据之间的线性关系建立了估算年释放通量的方法；结合2012年以来的监测数据分析，长三角地区年交换通量以正值为主，整体表现是释放，东三省以负值为主，整体表现为沉降，山东、河北释放与沉降情况介于长三角和东三省之间，显示了土壤/大气界面汞的年交换通量与纬度位置有密切关系。

5. 中国地质调查局（中国地质科学院）岩溶塌陷防治重点实验室

主要研究方向：岩溶塌陷调查评价与隐患识别技术研究，岩溶塌陷形成演化机理与主控因素研究，岩溶塌陷地质灾害监测预警技术研究，岩溶塌陷防控技术与工程场地岩溶处置方法研究，岩溶塌陷地质灾害环境效应研究。

2015年4月实验室通过了建设验收。

2015年，共承担科研地调项目19项，其中国家自然科学基金项目6项、地调项目1项、子项目2项、社会服务项目1项。发表论文4篇。完善和建设了2个野外基地，其中广州岩溶地质灾害研究基地于12月正式挂牌。邀请客座研究员回国开展学术交流；主办"岩溶塌陷调查技术交流会"、"实验室学术委员会会议"；参加2015年全国工程地质年会。

重要成果

（1）通过全国岩溶塌陷调查报告的编制，总结我国岩溶塌陷现状、发育分布规律和发展态势。

（2）完成了广佛肇地区岩溶塌陷风险评估；通过大型岩溶塌陷物理模型试验研究了BOTDR光纤传感技术在岩溶塌陷或沉陷监测中的应用，结果表明BOTDR

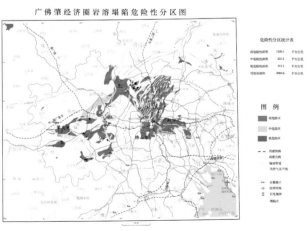

广佛肇经济圈岩溶塌陷危险性分区图

学术委员会会议

光纤传感技术监测塌陷的发生是可行的。

（3）初步形成了以岩溶塌陷动力监测、土洞形成演化光纤传感监测为基础的岩溶塌陷综合监测技术方法体系，为岩溶塌陷动力参数的捕捉、岩溶塌陷机理认识与发育判据的研究提供重要保证。

6. 中国地质科学院页岩油气调查评价重点实验室

定位及研究方向：围绕我国非常规油气发展战略，以页岩气为重点，将地质力学理论方法与页岩气的成藏要素和富集条件结合起来，采用原位地应力测量、水压致裂、岩石力学、微地震台网等技术手段，开展构造形变与构造演化，应力场测量、岩石力学及其开发应用，裂缝预测与储层评价，页岩气成藏与富集机理和页岩油气资源评价等勘探开发技术的研究，建立页岩油气评价体系标准，努力建成我国有特色的页岩油气资源调查评价的科学研究基地。

2015 年，承担及参与科研项目 7 项，其中包括地质调查子项目 6 项，国家自然科学基金面上项目 1 项。发表论文 25 篇，其中 SCI 检索论文 11 篇，EI 检索论文 2 篇；出版专著 1 部。开展学术交流活动 16 次，并召开了 2015 年学术年会，对实验室研究方向、发展目标、组织结构等进行了讨论。

现有固定人员 19 人，实验技术人员 3 人，管理人员 3 人；流动人员 6 人，客座院士 1 人。研究人员含石油地质学、构造地质学、岩石学等多方面人才。

重要成果

（1）湘中地区首次发现一套优质的页岩气勘探新层系。首次发现雪峰山东南侧湘中地区新层系中奥陶统烟溪组存在页岩气资源勘探潜力。

（2）通过对"川东、武陵坳陷破裂数据处理解译"研究，初步认为大巴弧与川东武陵 NE 向 - EW 向弧形构造形成于统一的变形场，形成的破裂系统也是同期发育的。

（3）完成包括松桃 ZK4220 井、天星 1 井、凤参 1 井、桑页 1 井、岑地 1 井、宜地 2 井、稂地 2 井和安页 1 井等 8 个钻孔的地应力测试，应用数值模拟方法，开展南方地区页岩储层深度构造应力

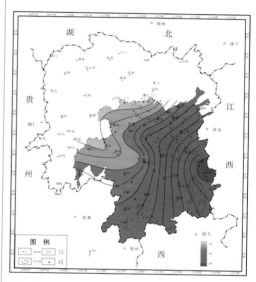

烟溪组页岩厚度图

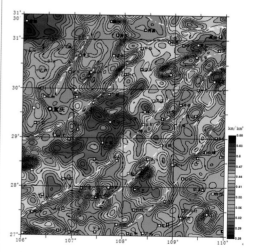

川东、武陵坳陷破裂线密度分布等值线（色阶）图（图中白色点线为密度分区边界线）

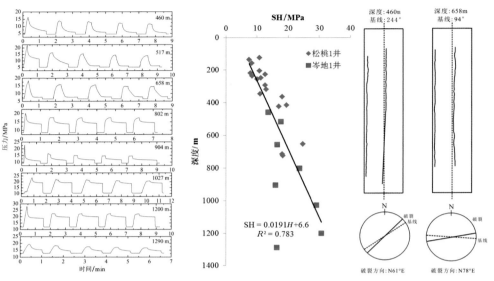

岑地1井水压致裂测量曲线　　　　　　　岑地1井水平最大主应力大小及方向

场分布特征分析。

（4）对柴达木盆地滩间山群等地层发现的碳沥青进行了分布特征与成因的调查。

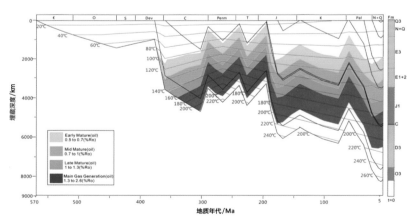

滩间山群烃源岩埋藏－成熟史图

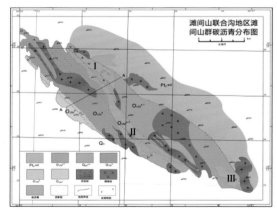

滩间山群烃源岩分布图

7. 中国地质科学院 Re-Os 同位素地球化学重点实验室

定位及研究方向：致力于发展 Re-Os 同位素理论，开展关键技术研究和标准物质研究，开拓应用领域，为成矿时代和物质来源示踪提供科学依据。

重要成果

（1）开展方法学研究，为 Re-Os 同位素体系的应用夯实技术基础。开展钼矿样品 Re-Os 同位素定年标准方法研究，建立并改进了 Os 的直接蒸馏分离流程，编写了辉钼矿 Re-Os 同位素 ICP-MS 定年的标准方法征求意见稿及编写说明书。进一步建立和完善新引进热表面电离质谱仪（Triton Plus）的配套方法。建立了高精度 pg-ng 级 Os 同位素分析测试方法，全流程 Os 空白和仪器灵敏度均达到国际一流水平。开发了用于 NTIMS 法测试数据处理的 Excel 软件，采用逐级剥谱法进行氧同位素干扰扣除，采用内标迭代法按照指数规律对仪器的质量歧视效应进行校正。

（2）瞄准热点科学问题，拓展 Re-Os 同位素体系的应用领域。对四川赤普铅锌矿中的黄铁矿、方铅矿、闪锌矿以及与成矿作用相关的沥青开展 Re-Os 同位素定年工作，成功获得了这三种矿物及沥青的模式年龄或等时线年龄。对花垣－凤凰铅锌矿中的沥青、闪锌矿、黄铁矿开展了 Re-Os 定年，拓展了 Re-Os 同位素定年的应用领域，发挥了 Re-Os 同位素在铅锌矿年代学研究中的重要作用。

对我国浙江长兴二叠纪—三叠纪界线"金钉子"剖面中灰岩样品进行分析，获得了 Re-Os 等时线年龄与锆石 U-Pb 年龄误差范围内相互一致。研究证明 Re-Os 同位素能够实现对灰岩地层沉积时代进行直接厘定，为化学沉积地层绝对年龄的厘定提供了有力手段。

对西藏驱龙斑岩矿床的花岗闪长岩、富铜／贫铜的两种闪长质包体样品开展了 Re-Os 同位素研究。发现普通闪长岩包体与富铜闪长岩包体的 Os 同位素组成存在明显差异，研究为 Re-Os 同位素体系在中酸性岩浆成因和演化方面开拓了新的研究领域。

8. 中国地质科学院第四纪年代学与水文环境演变重点实验室

定位及研究方向：以研究第四纪以来气候环境演化的地质记录为基础，围绕第四纪年代学与气候－水文环境变化过程方面的重大科学问题，通过完善和发展第四纪年代测试技术和古气候环境指标分析技术，揭示第四纪以来、尤其是晚第四纪不同沉积环境及不同

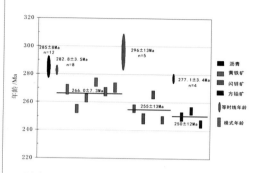

四川赤普铅锌矿中沥青、黄铁矿、闪锌矿和方铅矿的 Re-Os 模式年龄或等时线年龄

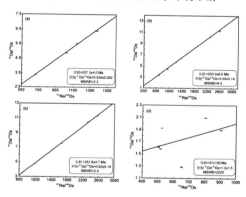

浙江长兴煤山剖面二叠－三叠"金钉子"岩 Re-Os 同位素等时线年龄

(a) 1~6层等时线年龄；(b) 18~22层等时线年龄；
(c) 23、24层等时线年龄；(d) 27层等时线年龄

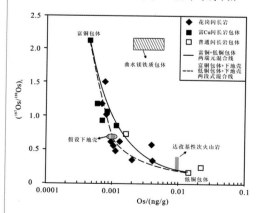

驱龙花岗闪长岩和闪长质包体 Os 同位素混合模式图

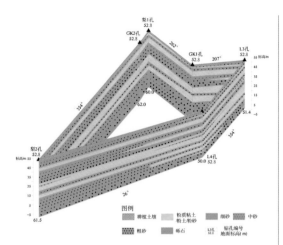

回灌试验场三维地层结构

实验室部分仪器野外工作现场

(a) 多功能电法仪器车在野外；(b) Lacoste 重力仪冬季冒雪施工；(c) 水下高密度电法探测；(d) EH4 在泥河铁矿勘探

时间尺度古气候和古水文环境演化的时间序列，预测未来气候、水文环境变化趋势，为全球变化研究、区域地下水资源合理开发和优化利用提供科学支撑。

2015 年度，实验室承担及参与的科研项目 12 项，发表论文 13 篇，其中 SCI 检索论文 7 篇；新引进博士毕业生 1 名，培养硕士研究生毕业 4 人；邀请专家来实验室进行学术报告 7 人次，实验室科研人员积极参加各项国内外相关学术会议 27 人次，其中 3 人次赴日本参加国际第四纪大会。实验室承担的国土资源公益性行业科研专项课题"华北平原典型地区地下水回灌系统条件研究之含水层结构研究"项目以位于石家庄地区藁城北部滹沱河傍河带为研究区，利用调查、钻探、物探、试验等综合技术手段，运用沉积学、高分辨率层序地层学原理，查明了以古河道为主的含 – 隔水层空间展布规律，编制了研究区浅层三维地层结构图。

9. 中国地质科学院 合肥工业大学 矿集区立体探测重点实验室

定位及研究方向：开展重要成矿带地质过程与三维结构探测，矿集区立体探测与三维建模技术，区域成矿系统与成矿规律和深部矿床勘查技术方法与示范研究。

2015 年，承担及参与项目共 69 项，总经费 1.5 亿元，其中，"973"计划项目 1 项，"863"计划项目 1 项，科技支撑计划 2 项，科技专项 2 项，国家自然科学基金项目 29 项，国土资源部项目 24 项，中国地质科学院基本科研业务费项目和依托单位项目各 2 项，其他项目合计 6 项。发表论文 106 篇，其中国际 SCI 检索论文 20 篇；国内 SCI 检索论文 21 篇，EI 检索论文 1 篇，国内普通论文 54 篇，国际会议论文 2 篇，国内会议论文 8 篇。

2015 年 3 月 15 日，在合肥工业大学召开学术委员会会议，讨论了实验室建设规划；7 月 3 日，协助举办"深部矿调与找矿新技术研讨会"。

固定人员参加全国性高水平学术会议做特邀报告 2 次。承

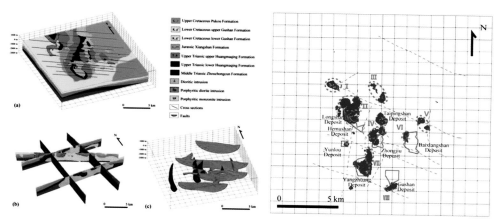

三维成矿预测研究成果示意

担国际自然科学基金重大国际合作项目1项，教育部海外名师项目和特色项目合计3项，邀请 Yaoguo Li，Franco Pirajno 等国外知名专家来校进行学术交流和教学科研活动。

重要成果

（1）新疆戈壁覆盖区开展了地球物理深部找矿综合探测研究，发现了浅覆盖区隐伏大型斑岩－矽卡岩一处，获得（333+334）铜资源量 101.5×10^4t，预测该矿床具有超大型铜矿远景；验证发现隐伏矿化斑岩体，大体圈定一处新的拉东隐伏斑岩铁矿靶区；基本确定一大型隐伏石墨矿带，推断为大型－超大型隐伏石墨矿床，提出覆盖区恰库图沉积型隐伏钛磁铁矿找矿靶区。成果在矿产资源研究所2015年度学术年会中被评为优秀成果（排名第二）。

（2）在青藏高原地区开展了宽频带地震探测研究，利用采集的天然地震数据对冈底斯及邻区地壳及上地幔结构进行了深入研究，认为最合理的解释是由于底侵在藏南地壳下面的印度下地壳（可能还包括上地幔部分）由于榴辉岩化作用而产生了拆沉，结果导致了印度岩石圈地幔的回转（roll-back）和软流圈地幔物质的上涌，提出了大陆碰撞和冈底斯成矿带构造演化过程的新模型；对柴达木和祁连山上地幔结构进行了研究，结果不支持前人认为的亚洲板块岩石圈从柴达木或阿拉善地块南缘向南的长距离俯冲，认为祁连山 Moho 呈稍微穹隆状没有"山根"结构，提出了昆仑、柴达木和祁连山构造演化的新模型。

深部矿调与找矿新技术研讨会

7 对外合作与学术交流

2015 年，中国地质科学院国际科技交流与合作活跃开展，共上报外事派出、请进项目总计 184 项、628 人次，其中派出 122 项、282 人次出国（境）进行合作研究、开展联合野外地质工作、参加国际学术会议等；请进 62 项、346 人次来院开展合作研究、客座讲学、参加国际学术会议等。

重要外事出访活动

1. 赴日本出席第四届亚太地质公园网络研讨会

2015 年 9 月 16 日至 20 日，中国地质科学院党委书记、副院长、国家地质公园网络中心主任王小烈率团参加了在日本山阴海岸世界地质公园召开的"第四届亚太地质公园网络研讨会"，国家地质公园网络中心组织中方参会代表参加学术报告交流与地质公园展览，并在会议期间组织召开中国世界地质公园碰头会。代表团成员、世界地质公园网络执行局成员龙长兴研究员、金小赤研究员应邀参加了亚太地质公园顾问委员会会议和世界地质公园网络执行局会议。会议期间，经世界地质公园网络执行局审议和专家投票表决，甘肃敦煌和贵州织金洞被正式列入教科文组织世界地质公园名录。

院代表团参加第四届亚太地质公园
网络研讨会开幕式

与教科文组织官员合影

2. 赴台湾出席第八届世界华人地质大会

2015 年 6 月 14 日至 18 日，中国地质学会常务副理事长孟宪来、秘书长朱立新率团参加了在台湾召开的"第八届世界华人地质大会"。孟宪来常务副理事长受邀作了题为"当代中国地质科学发展与展望"的大会专题演讲，朱立新秘书长参加了岩石学、矿物学与地球化学专题分会场，并作了题为"多维异常体系在矿产勘查中的应用"的专题报告。

孟宪来常务副理事长作大会报告

朱立新秘书长作学术报告

访问台湾中研院地球科学研究所

主要国际科技合作项目

1. 双边合作项目

根据"中国与俄罗斯西伯利亚二叠纪大火成岩省对比研究"合作研究计划，院代表团于 2015 年 8 月下旬赴俄罗斯西伯利亚南雅库特阿尔丹中部金－铀矿床区开展野外地质考察，深入了解西伯利亚中部地区中生代岩浆活动及相关不同类型金矿、铀矿地质特征和成矿规律。

西伯利亚矿区野外地质工作合影　　　　　西伯利亚南雅库特阿尔丹中部金－铀矿床区
野外地质考察

2. 中德联合野外地质课程教学

2015 年 10 月 8 日至 20 日，根据《中国地质科学院与德国波茨坦大学合作协议》，应院邀请，国际地科联主席、德国波茨坦大学罗兰德·奥伯汉斯利（Roland Oberhänsli）教授率德方师生 17 人与院研究生导师、在读研究生等共计 40 余人赴云南开展为期 13 天的联合野外地质课程教学并取得圆满成功。路线从腾冲、保山、大理、昆明至罗平，从西到东横跨了腾冲地块、保山地块、兰坪－思茅地

中德师生野外合影　　　　　　　　　北衙金矿野外实习

块、扬子地块西缘和华南褶皱带西端等多个不同的构造单元。实习内容涵盖了火山岩石学、新构造与活动构造、区域大地构造、沉积岩与变质岩、韧性剪切变形、岩浆与沉积成矿作用、古脊椎动物群与古生物等多个学科。

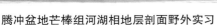

腾冲盆地芒棒组河湖相地层剖面野外实习

国际地科联主席 Roland Oberhänsl
教授野外授课

3. 中国、俄罗斯、蒙古、哈萨克斯坦、韩国五国合作项目第三阶段进展

中国、俄罗斯、蒙古、哈萨克斯坦、韩国五国合作项目第十三次工作会议于2015 年 10 月 13 日至 15 日在哈萨克斯坦奇姆肯特市召开。工作会议总结交流了各国研究工作进展，具体包括：地球物理图件、地球化学图系、增生碰撞构造与相关成矿作用图件编制工作，地学断面综合研究，东亚中生代构造、岩浆与成矿，成矿潜力区分析以及地质、构造与成矿规律图件说明书编写。五国将根据项目研究任务安排，继续深化项目研究成果集成工作。筹划在亚洲地球科学杂志出版中国、俄罗斯、蒙古、哈萨克斯坦、韩国五国合作项目成果专辑。

国际学术会议

1. 国际地球科学计划项目"金刚石和地幔再循环"（IGCP-649）第一次工作会议

2015 年 8 月 6 日，"IGCP—649 项目第一次工作会议——2015 祁连山蛇绿岩野外研讨会"在青海省西宁市召开，来自 8 个国家 100 余位祁连造山带和蛇绿岩领域专家出席会议。12 位专家学者作了学术报告，与会代表交流讨论了全球蛇绿岩地幔橄榄岩和铬铁矿异常地幔矿物的成因以及祁连山高压低温变质岩石、蛇绿岩、岛弧火山岩等岩石成岩成矿作用研究的最新进展，围绕祁连山与全球不同造山带蛇绿岩、高压超高压变质岩和相关成矿作用展开讨论。会后开展了为期 4 天的野外地质考察，主要考察祁连山含硬柱石蓝片岩、榴辉岩、蛇绿岩及岛弧火山岩。

祁连山地区野外考察

IGCP-649 项目学术研讨会现场

IGCP-649 项目学术研讨会集体照

2. 第一届中德地震破裂和断层作用研讨会

2015 年 10 月 31 日至 11 月 6 日，"第一届中德地震破裂和断层作用研讨会"在四川成都召开，会议由中德科学基金研究交流中心资助，来自中国、德国和日本等国家和地区的近百位知名专家和青年科技人员出席会议。31 位专家学者作了学术报告，外方专家报告涵盖地震断层岩石矿物学分析、古地震事件测年、流体－岩石作用机制、断层活动物理模拟计算等方面；中方专家报告覆盖了青藏高原周缘断层带活动机制、地震断层模拟实验、断层岩显微分析和磁学研究、地表破裂带分布及钻孔监测等不同方向。参会代表于会后实地考察了映秀－北川同震地表破裂带野外露头、老北川地震遗址、汶川地震博物馆、汶川地震断裂带科学钻探工程岩心库。

野外考察汶川科钻 2 号孔（WFSD-2）长期监测现场

中德地震破裂和断层作用研讨会部分代表合影

3. 第一届中俄中亚造山带学术研讨会

2015 年 9 月 23 日至 25 日，"第一届中俄中亚造山带学术研讨会"在北京召开，王小烈书记在开幕式致辞，来自中、俄、蒙、加、德、澳等 9 个国家和地区 130 余位中亚造山带专家学者出席会议。34 位专家学者作了学术报告，介绍了前寒武纪基底、岩浆演化、地壳生长、深部探测、矿产勘探、第四系等方面的最新研究进展，围绕中亚造山带的形成、演化和区域成矿规律开展了深入探讨。会后赴内蒙古开展了为期 3 天的"从克拉通到造山带跨越之旅"野外地质考察。

4. 中国及东盟国家岩溶环境地质编图研讨会

2015 年 11 月 4 日，"中国及东盟国家岩溶环境地质编图研讨会"在广西南宁召开，来自中国、柬埔寨、印度尼西亚、老挝、马来西亚、缅甸、菲律宾、泰国、越南 9 个国家 40 余名专家学者出席研讨会。与会代表就本国岩溶发育、岩溶分布、

第一届中俄中亚造山带学术研讨会暨 IGCP592 工作会议

地质环境保护现状等作了学术报告，围绕东盟面临的突出地质环境问题、地质环境保护对策以及今后合作进行了深入研讨，并签署会议纪要。

中国及东盟国家岩溶环境地质编图　　　　中国及东盟国家岩溶环境地质编图项目
研讨会专家合影　　　　　　　　　　　成员对图件进行交流研讨

5. 第二届亚洲跨学科岩溶学术会议

第二届亚洲跨学科岩溶学术会议于 2015 年 11 月 6 日至 8 日在湖北利川召开。来自亚洲、欧洲等 22 个国家和地区，180 余名国内外岩溶相关领域的专家学者参加了此次会议，有近 50 位学者作了专题学术讲座，交流了世界范围内尤其是亚洲地区多处洞穴科考成果，包括无纸化洞穴测量技术、洞穴探险钉攀技术、洞穴摄影技术等。会议期间还开展了洞穴探险技术培训与研讨，并赴腾龙洞、三龙门、玉龙洞等开展野外踏勘。

第二届亚洲跨学科岩溶学术会议参会人员合影　　　　　　考察腾龙洞

联合国教科文组织二类中心建设

1. 联合国教科文组织国际岩溶研究中心

（1）实施中国与斯洛文尼亚政府间科技合作项目

组织实施中国与斯洛文尼亚政府间科技合作项目"中国季风气候/斯洛文尼亚次大陆气候下岩溶作用及碳汇效应对比研究"，合作完成了不同岩性、土地利用方式下岩溶强度对比试验和取样，萨瓦河支流及源头水文地质考察与水化学分析。在漓江流域和潮田河流域进行了数据监测、示踪试验、溶蚀试片放置等多项工作内容。

（2）组织中意第六次联合洞穴探险考察

与西里洞穴探险协会合作组织为期 13 天的中意第六次联合洞穴探险考察（具体位置为桂林市灵川县毛村野外实验基地）。

（3）签署《中国地质科学院岩溶地质研究所/联合国教科文组织国际岩溶研究中心与南非水利研究委员会合作谅解备忘录》

根据合作谅解备忘录的要求，将与南非水利研究委员会在水资源利用、岩溶含水层管理方面开展深入合作研究。

（4）组织召开国际岩溶研究中心第七届国际培训班

2015 年 9 月 21 日，国际岩溶研究中心第七届国际培训班在东盟博览会期间于南宁开班。培训班主题为"岩溶景观、地质公园、

与意大利洞穴探险专家野外交流

第七届国际培训班开幕式合影

袁道先院士在国际培训班开幕式上致辞

自然遗产地、环境地质编图与数据挖掘"，共招收了来自 20 个国家的 38 名学员，其中外籍学员 25 人，分别来自泰国、南非、斯洛文尼亚、澳大利亚等 19 国家，其中来自"一带一路"国家的学员 13 人。培训班由中国地质科学院岩溶地质研究所 / 国际岩溶研究中心主办，广西壮族自治区科学技术厅、广西壮族自治区国土资源厅、联合国教科文组织北京办事处、联合国教科文组织国际自然与文化遗产空间技术中心、联合国教科文组织国际工程科技知识中心、中国地质公园网络联合协办。

培训班学员野外考察广西乐业凤山世界地质公园

国际地科联秘书处工作

根据国土资源部与国际地质科学联合会签署的《关于国际地质科学联合会常设秘书处迁址中国的谅解备忘录》要求，继续推进国际地科联秘书处日常管理工作，承办并参加了于 2015 年 1 月 27 日至 29 日在加拿大温哥华举行的国际地科联执行局会议和第 68 次执行委员会会议、5 月 23 日至 31 日在南非开普敦和 10 月 21 日至 26 日在天津蓟县举行的国际地科联执行局会议。积极筹备国际地科联执行委员会第 69 次会议和第 35 届国际地质大会期间召开的执行局会议、执行委员会会议和国际地科联理事会会议。在国际地科联执行委员会和执行局的指导下，完成国际地科联与入会组织、下属委员会、专业委员会、专题工作组、附属组织的日常联系与沟通，保证了国际地科联各项科学计划的顺利实施。

国际地科联执行局成员访问天津蓟县剖面

国际地科联第 68 次执行委员会会议合影

美国地质学会年会国际地科联展台

国际地科联第 68 次执行委员会会场

中国地质科学院科学家在国际学术机构任职情况（以汉语拼音为序）

序号	姓名	职称	学术组织名称	职务	起止年限
1	曹建华	研究员	国际水文地质学家协会 岩溶水文地质专业委员会	委员	2009 年至今
2	丁悌平	研究员	国际纯化学和应用化学联合会无机化学部	执行委员	2012 ~ 2017
3	董树文	研究员	国际地质科学联合会	司库	2012 ~ 2016
			德国埃尔福特科学院	院士	2011 年至今
			美国地质学会	荣誉会士	2013 年至今
4	何师意	研究员	国际水文地质学家协会 岩溶水文地质专业委员会	委员	2009 年至今
5	侯春堂	研究员	国际地质灾害减灾协会	国际顾问	2014 年至今
6	侯增谦	研究员	Resources Geology	资深编委	2009 年至今
			国际经济地质学会（SEG）	区域副主席讲师	2014 年至今
7	季 强	研究员	亚洲恐龙协会	副理事长兼秘书长	2013 年至今
8	姜光辉	副研究员	国际水文地质学家协会 岩溶水文地质专业委员会	副主席	2010 年至今
9	金小赤	研究员	国际地层委员会石炭系分会	投票委员	2004 ~ 2016
			联合国教科文组织国际地球科学计划 (IGCP)	科学执行局委员	2009 ~ 2016
			世界地质图委员会南亚和东亚分会	副秘书长	2010 年至今
			世界地质公园网络执行局	委员	2013 年至今
10	蒋忠诚	研究员	俄罗斯自然科学院	外籍院士	2015 年至今
11	孔凡晶	研究员	国际盐湖学会	常务理事	2014 ~ 2017
12	刘鹏举	研究员	国际地层委员会埃迪卡拉系分会	通讯委员	2012 ~ 2016
13	刘守偈	助理研究员	Gondwana Research	副主编	2013 年至今
14	刘晓春	研究员	Journal of Metamorphic Geology	编委	2013 年至今
15	龙长兴	研究员	联合国教科文组织世界地质公园网络执行局	委员	2010 年至今
16	罗立强	研究员	X-Ray Spectrometry	副主编	2003 年至今
			Journal of Radioanalytical and Nuclear Chemistry	副主编	2006 年至今

序号	姓名	职称	学术组织名称	职务	起止年限
17	吕君昌	研究员	亚洲恐龙协会	副秘书长	2013 年至今
18	毛景文	研究员	国际矿床成因协会	主席	2012 ~ 2016
			经济地质学家协会	理事	2013 ~ 2016
			应用矿床地质学会	理事	2013 ~ 2016
			《矿床地质论评》	副主编	2002 年至今
			Journal of Geochemical Exploration	副主编	2014 年至今
19	聂风军	研究员	《日本资源地质》	资深编委	2007 年至今
			联合国教科文组织国际地球科学计划 (IGCP)	科学执行局委员	2009 ~ 2016
20	裴荣富	院士	国际矿床成因协会矿物共生专业委员会	委员	1995 年至今
21	任纪舜	院士	世界地质图委员会 (CGMW)	副主席	2004 年至今
22	石菊松	副研究员	国际工程地质与环境协会新构造与地质灾害专门委员会	副秘书长	2008 年至今
			国际地质灾害减灾协会	主席助理	2014 年至今
23	孙 萍	副研究员	Landslides	编委	2009 年至今
			国际地质灾害减灾协会	终身会员	2014 年至今
24	王贵玲	研究员	俄罗斯自然科学院	外籍院士	2015 年至今
25	王 军	教授级高级工程师	国际地质科学联合会地球科学信息管理和应用委员会	委员	2010 年至今
26	王 巍	副译审	国际地质科学联合会秘书处	主任	2013 年至今
27	王学求	研究员	国际应用地球化学家协会	理事	2004 年至今
			全球地球化学基准委员会	联合主席	2008 年至今
			Geostandards and Geoanalytical Research	编委	2012 年至今
28	吴树仁	研究员	国际工程地质与环境协会新构造与地质灾害专门委员会	委员	2008 年至今
29	谢学锦	院士	Geochemistry Exploration · Environment · Analysis	编委	2004 年至今
			Journal of Geochemical Exploration	编委	1999 年至今
30	许志琴	院士	发展中国家科学院	院士	2007 年至今

序号	姓名	职称	学术组织名称	职务	起止年限
31	杨经绥	研究员	美国地质学会	会士	2011 年至今
			美国矿物学会	会士	2011 年至今
			VESTNIK OF MSTU (Scientific Journal of Murmansk State Technical University)	编委	2015 年至今
32	姚建新	研究员	国际地层委员会三叠纪分会	通讯委员	2011 年至今
33	尹崇玉	研究员	国际地层委员会埃迪卡拉系分会	投票委员	2012 ~ 2016
34	尹　明	研究员	Journal of Geostandards and Geoanalysis	编委	2006 年至今
35	袁道先	院士	国际水文地质学家协会 岩溶水文地质专业委员会	委员	1988 年至今
36	赵　越	研究员	国际南极科学委员会地学组	中国代表	2002 年至今
			国际工程地质与环境协会新构造与地质灾害专门委员会	委员	2008 年至今
37	章　程	研究员	国际水文地质学家协会 岩溶水文地质专业委员会	委员	2009 年至今
			联合国教科文组织国际地球科学计划 (IGCP)	科学执行局委员	2013 年至今
38	张荣华	研究员	《国际材料科学》	编辑	2006 年至今
			国际矿床成因协会工业矿物岩石委员会	副主席	1994 年至今
39	张永双	研究员	国际工程地质与环境协会新构造与地质灾害专门委员会	秘书长	2008 年至今
40	张泽明	研究员	Gondwana Research	副主编	2011 年至今
41	郑绵平	院士	国际盐湖学会	主席	2014 ~ 2017
42	朱立新	研究员	俄罗斯自然科学院	外籍院士	2015 年至今
43	朱祥坤	研究员	国际同位素丰度与原子量委员会	领衔委员	2010 ~ 2018
44	石建省	研究员	俄罗斯自然科学院	外籍院士	2011 年至今
45	张发旺	研究员	俄罗斯自然科学院	外籍院士	2012 年至今

8 研究生教育与博士后工作

中国地质科学院研究生教育和博士后工作，承担着为国家、国土资源部、中国地质调查局培养地球科学高级专业人才的任务，在地质学、地质资源与地质工程、化学、地球物理学、矿业工程等 5 个一级学科招收培养研究生和博士后高层次专业人才，是国土资源部属目前唯一一所博士学位授权单位和博士后科研流动站设站单位。

研究生培养方向

2015 年在 8 个博士学位授权专业、11 个硕士学位授权专业招收研究生。

（1）分析化学

硫化矿样品的 XRF 分析方法、元素形态分析。

（2）固体地球物理学

地球动力学、地震学与地球深部结构探测。

（3）矿物学、岩石学、矿床学

区域成矿规律与预测、造山带金属成矿作用与找矿评价、岩浆岩岩石学、成因矿物学、金属矿床成矿作用、大陆成矿作用、岩浆活动与成矿作用、南秦岭（或南极）变质地质、花岗岩与成矿、黑色金属矿产成矿作用、造山作用与动力学、金属矿产成矿规律、矿产资源评价、造山带变质作用及深熔作用、岩石成因与造山带演化、变质地质学、稀有金属矿床学、资源环境与资源经济学、矿床成因与矿田构造、热液矿床成矿理论与预测、火成岩岩石学、沉积学、盆地构造与多种能源、矿田构造与区域成矿。

（4）地球化学

前寒武纪地质和同位素年代学、矿床地球化学、油气地球化学、地球化学评估、勘查地球化学、金属矿床抬升剥露过程、生物地球化学、岩石地球化学、区域构造地质学、盐湖地球化学、盐湖资源综合利用、环境工程、同位素地球化学。

（5）古生物学与地层学

早期生命演化及地层对比、岩相古地理、早古生代地层学、沉积地质、沉积大地构造、生物地层学、古地理学、晚前寒武纪古生物学与地层学、古生代和中生代地层及古生物研究、含油气盆地分析。

（6）构造地质学

大陆碰撞过程、火成岩与构造、构造变形与地壳演化、大陆动力学与成矿作用、活动构造与断裂作用、新生代大地构造、区域地质与地质编图、构造运动及资源环境效应、盆山构造与深部探测、造山带的变质变形及造山作用、地壳深熔作用与深部构造过程、构造地质与成矿作用、区域构造与成矿、造山过程、大陆构造变形、青藏高原活动构造、地球动力学数值模拟、矿田构造、活动构造与地震地质、火成岩岩石学、沉积盆地与构造、活动构造与新构造、造山构造年代学、古构造与古地磁学、区域地质与构造变形。

（7）第四纪地质学

第四纪地质环境、环境磁学与古环境重建、晚第四纪海岸带古环境演化。

（8）矿产普查与勘探

斑岩 — 浅成低温热液、成矿规律、盐类矿床与油气地质、油气成藏与资源评价、石油、矿产地质勘探、区域油气地质。

（9）地球探测与信息技术

电磁探测技术、海洋地球物理、综合地球物理探测、大陆岩石圈结构深地震探测、矿产资源评价。

（10）地质工程

工程地质与地质灾害、区域地壳稳定性评价、矿山水文地质、水文与水资源、地热资源评价、污染水文地质、人类活动地质环境效应、岩溶地质灾害防治、地质灾害及防治、水循环与水土环境保护、区域含水层系统研究、同位素水文地质、岩溶生态学、气候变化与岩溶水文、海岸带环境水文地质、岩土工程、活动断裂与地质灾害、地下水污染与修复、三维地质建模、地质微生物与氮同位素研究、岩溶环境、岩溶水文地质、海洋地质灾害、生物岩溶学、水文地球化学、地下水资源与环境、地下水持续利用、地下水污染与防治、地下水工程、地质岩心钻探装备及工艺研究、地质灾害及涌浪研究、泥石流形成机理与评价、地质灾害滑坡防治技术优化集成。

（11）矿物加工工程

矿产综合利用新技术装备、多金属矿综合利用技术。

研究生招生情况

2015 年，中国地质科学院共计招收博士研究生 35 名，硕士研究生 40 名，招收与北京大学联合培养博士研究生 9 名，招收与中国地质大学（北京）联合培养博士研究生 10 名，招收与中国地质大学（武汉）联合培养博士研究生 10 名，招收与中国地质大学（北京）联合培养硕士研究生 40 名。

2015 年研究生分专业招生人数统计

专业名称	招生数			
	博士	硕士	联合培养博士	联合培养硕士
分析化学	—	2	—	0
固体地球物理学	—	2	—	0
矿物学、岩石学、矿床学	5	14	10	6
地球化学	6	3	0	8
古生物学与地层学	2	3	3	1
构造地质学	9	7	6	4
第四纪地质学	0	1	1	0
矿产普查与勘探	4	0	1	0
地球探测与信息技术	2	1	1	0
地质工程	7	7	7	1
矿物加工工程	—	0	—	0
地质工程（专业学位）	—	—	—	20
总计	35	40	29	40

研究生 2015 年春季趣味运动会

第六届研究生秋季运动会

河南栾川钼矿研究生野外实践教学

国际地质科学联合会主席、德国波茨坦大学罗兰德－奥伯汉斯利教授率领德方师生与院研究生及导师共赴云南开展联合野外地质课程教学

研究生毕业及授予学位情况

2015 年毕业博士研究生 34 名 (含联合培养 8 名)，硕士研究生 61 名 (含联合培养 35 名)，30 名研究生获得博士学位，8 名研究生获得中国地质大学 (北京) 博士学位，26 名研究生获得硕士学位，35 研究生获得中国地质大学 (北京) 硕士学位。95 名毕业生在学期间以第一作者在国内外学术期刊上公开发表学术论文 217 篇，其中 SCI 检索论文 41 篇 (含国际 SCI 检索论文 18 篇)，EI 检索论文 17 篇。研究生培养质量明显提高，研究生教育工作取得重要进展。

2015 年研究生分专业培养人数统计

专业名称	毕业生数				获学位人数			
	博士	联合培养博士	硕士	联合培养硕士	博士	联合培养博士	硕士	联合培养硕士
分析化学	—	—	2	0	—	—	2	0
固体地球物理学	—	—	2	0	—	—	2	0
矿物学、岩石学、矿床学	9	1	7	17	9	1	7	17
地球化学	3	0	4	1	3	0	4	1
古生物学与地层学	2	0	1	0	2	0	1	0
构造地质学	7	3	3	2	9	3	3	2
第四纪地质学	1	0	0	0	1	0	0	0
矿产普查与勘探	0	2	1	2	0	2	1	2
地球探测与信息技术	1	0	0	0	1	0	0	0
地质工程	3	2	5	13	5	2	5	13
矿物加工工程	—	—	1	0	—	—	1	0
总计	26	8	26	35	30	8	26	35

院学位委员会主任李廷栋院士为研究生授予学位

2015 届研究生毕业合影

研究生获奖情况

朱乔乔等 8 名研究生及李运等 2 名联合培养研究生获 2015 年度研究生国家奖学金。李强等 5 人获程裕淇优秀学位论文奖；胡乔青等 5 人获程裕淇优秀研究生奖；4 人获北京市优秀毕业生荣誉；7 人获院优秀毕业生称号，33 人获"三好学生"称号。

2015 年程裕淇优秀学位论文名单

学位论文题目	作　者	指导教师
新疆阿尔泰铁多金属矿床成矿作用	李　强	杨富全
龙门山构造带地震断裂机制研究	王　焕	许志琴 李海兵
我国青藏蒙新湖区近 40 年来湖泊动态变化及其对气候波动的响应	闫立娟	郑绵平
西藏铁格隆南浅成低温热液－斑岩型 Cu（Au）矿床矿石、蚀变、流体特征研究	杨　超	唐菊兴
末次盛冰期以来内蒙古夏日诺尔湖泊沉积的磁学特征及古环境意义	唐　玲	王喜生

中国地质调查局党组成员、纪检组长李海清为"优秀毕业生"颁奖

赵文津院士为获得程裕淇研究生奖的研究生颁奖

中国地质调查局部（室）领导为获得"三好学生"荣誉称号的研究生颁奖

▎博士后工作

2015 年，中国地质科学院博士后科研流动站共招收博士后研究人员 38 人，其中地质学流动站 22 人，地质资源与地质工程流动站 16 人，招收"香江学者计划" 1 人，与博士后工作站联合招收博士后 1 人。截至 2015 年 12 月，全院在站博士后 125 人，平均年龄 32 岁。全年共 20 名博士后期满出站，其中 8 人留设站单位，8 人流动到新单位，4 人回原单位工作。

2015 年，全院在站博士后 16 人获国家自然科学基金资助，5 人获中国博士后科学基金资助，9 人获得科研院所基本科研业务费专项资金资助，共发表学术论文 132 篇，其中 SCI、EI 检索论文 32 篇。

年度重要活动

中国地质科学院 2015 年工作会议在京召开

2015 年 1 月 29 日，中国地质科学院召开 2015 年工作会议，会议提出坚持以科技创新为引领和支撑，在满足国家需求中找准定位，在提供公益服务中提升能力，在改革创新中增强活力。

中国地质科学院党委书记王小烈表示，地质科技工作需要适应新常态，更加紧密地服务国家战略、更加主动地加快创新发展、更加自觉地服从国家和国土资源部、中国地质调查局的工作要求，更加有力地支撑找矿突破战略行动。在观念上要适应、认识上要到位、方法上要对路、工作上要得力，以创新驱动地质调查事业发展；要敏锐把握机遇、真正用好机遇，围绕国家需求，优化学科结构，主动发挥优势，更加有效地支撑服务资源能源勘查和生态文明建设，推动全院科技工作和各项事业跨越发展。

中国地质科学院 2015 年工作会议现场

中国地质科学院明晰了2015年工作重点，总体思路是：实施创新驱动发展战略，加大体制机制创新，推动"三大工程"（地质科技创新工程、高层次人才培养工程、科研实验基地建设工程），夯实"三个平台"（打造地调科研融合平台、搭建产学研用结合平台、拓展国际合作交流平台），强化"四项建设"（强化管理和服务体系建设、大力推动干部队伍建设、全面推进党风廉政建设、抓好党建和精神文明建设），保障能源资源安全，引领支撑找矿突破，服务经济社会发展和生态文明建设。

分组讨论现场

王小烈书记代表院与院属单位负责人签订责任书

中国地质科学院 2015 年党风廉政建设座谈会在京召开

2015 年 4 月 23 日，中国地质科学院 2015 年党风廉政建设座谈会在京召开。座谈会主要内容是，学习钟自然局长在中国地质调查局 2015 年党风廉政建设工作会议上的讲话，围绕加强项目资金管理和强化党风廉政建设进行座谈讨论。局党组成员、纪检组组长李海清作了重要讲话。局党组成员、院党委书记、副院长王小烈主持会议。院党委全体成员、院属单位党政一把手、纪委书记、院机关各职能处室主要负责人参加了座谈。

李海清在讲话中指出，面临当前局系统党风廉政建设形势严峻、隐患严重、风险很大的现状。各单位党委要认真贯彻落实局 2015 年党风廉政建设各项工作部署，从七个方面推进 2015 年党风廉政建设工作，一是牵好主体责任的牛鼻子；二是切实把责任和压力传导下去；三是高度重视顶层设计和统筹协调；四是用好"六个强力推进"的总抓手；五是在狠抓项目和资金管理上下功夫；六是强化责任追究；七是加强纪检监察审计队伍建设。

会后王小烈书记与院属单位法定代表人分别签订了 2015 年党风廉政建设责任书。

党风廉政建设座谈会现场

党风廉政建设责任书签字仪式

精心编制"自然资源与能源安全国家实验室"筹建方案

按照国土资源部、中国地质调查局党组指示，组织精干力量，收集整理国内外有关资料和重大科技问题、征集重大前沿优势研究方向、开展实地调研、召开专题研讨会等，历经40余稿修改完善，向国土资源部科技与国际合作司报送了"自然资源与能源安全国家实验室"筹建方案。

大力促进科研与地调深度融合

中国地质科学院（所、中心）领导带队，分别赴六大区中心等单位调研、座谈，商讨共同申报和组织实施地调科研项目、共建重点实验室、联合培养研究生和博士后等工作；组织召开地调科研一体化座谈会和现场会；联合举办中国西部造山作用与成矿、东北老工业基地地质找矿、现代地质填图方法与试点等专题研讨会，凝练重大科学问题；北京离子探针中心在西安地调中心建立了SHRIMP远程共享工作站（全球第11个）等，深化"1+6"、"8+6"地调科研合作机制。

2015 年 7 月 16～17 日，中国地质科学院地调科研一体化研讨会在山东召开

扎实推进产学研用战略合作

2015 年 2 月 3 日，合肥工业大学徐枞巍校长一行来访，双方在原有战略合作基础上，就 2015 年及今后深入合作事宜进行了座谈讨论并达成了共识：一是深化人才联合培养方式，进一步探索本－硕－博连读培养模式，探索博士研究生、博士后联合培养；二是扩大联合申请项目、联合组队科研、联合成果报奖等科学研究方面的合作，特别是积极呼应国家有关重大战略、围绕中央财政出资公益性地质工作部署开展地质调查和找矿勘探项目的合作；三是加强合作基地的建设，在共建院重点实验室"矿集区立体探测实验室"基础上，申报安徽省、教育部重点实验室，并向国家级实验室方向努力，同时引进高端人才，实现项目、基地和人才建设的一体化。董树文副院长主持会谈。国土资源部党组成员、中国地质调查局党组书记、局长钟自然会见来访人员。

2015 年 5 月 12 日，中国地质科学院与浙江省地质勘查局科技合作座谈会在京举行。院党委书记、副院长王小烈，浙江地勘局党委委员、副局长徐刚出席会议。院机关有关处室、在京院属单位科技部门负责人及有关专家，浙江地勘局机关及局有关单位负责人等近五十人参加了会议。双方肯定了务实合作以来取得的初步成效，就下一步的项目合作、人才交流、共建博士后科研工作站、设立院士工作站、重点实验室开放共享、人才培训等议题展开了深入座谈讨论并达成广泛共识。

2015 年 4 月 15 日，中国地质大学（武汉）王焰新校长、金振民院士、郝芳副校长等一行 6 人来访，座谈科技合作及相关工作。中国地质调查局党组成员、中国地质科学院党委书记、副院长王小烈，董树文研究员及院机关相关处室负责人参加了座谈会。会上，院校双方分别介绍了当前的重点工作并就共同关心的问题进行了认真研讨，达成一系列重要共识。一是双方将整合各自优势学科资源，共同申请由中国地质大学（武汉）牵头的深地过

中国地质科学院与合肥工业大学合作交流座谈会

合肥工业大学一行参观国土资源部成矿作用与资源评价重点实验室

中国地质科学院与浙江省地质勘查局科技合作座谈会

中国地质科学院与中国地质大学（武汉）商讨科技合作

程及资源环境效应协同创新中心；二是以双方联合引进和研发多功能 5000 吨大压机为基础，共同建设国际一流的高温高压实验室，凝练重大地球科学问题并推动取得突破性成果；三是继续联合有关科研院所，共同推动岩溶动力学国家重点实验室申报；四是在现有研究生联合培养工作基础上，在本科教育、研究生留学等方面进一步拓宽合作培养渠道。

2015 年 10 月 9 日，江西省地质矿产勘查开发局局长苗壮、副局长余忠珍、纪委书记陶学明等一行来访，双方洽谈共商地调与科技合作工作。中国地质调查局党组成员、中国地质科学院党委书记王小烈，陈毓川院士，中国地质调查局科技外事部主任、中国地质科学院副院长吴珍汉，矿产资源研究所副所长毛景文，院机关有关处室、江西地矿局有关单位负责人参加会议。双方认为合作前景广阔，将紧扣国家"一带一路"和长江经济带重大战略部署，不断拓展深化双方交流合作，强化创新项目与成果对接，密切在新技术、新方法、新设备及新领域的合作，推动产学研用结合，加大技术交流与人才合作培养、培训力度，促进中青年人才成长。

中国地质科学院与江西省地质矿产勘查开发局科技合作洽谈会

深入开展科普工作

2015 年，《中国地质科学院科学普及工作意见（2015～2020）》正式发布，全院组织开展"世界地球日"、"科技活动周"等系列主题科普活动，产生广泛社会影响，受到国土资源部表扬和科技部表彰。中国地质科学院、中国地质学会、中国地质科学院地质研究所、大陆构造与动力学国家重点实验室联合举办科普讲座"献给地球母亲的歌——生命地球"（许志琴院士主讲），中国地质科学院、中国地质科学院科普网与北京市实验二小、人大附小、人大附中、171 中学联合举办了"聆听院士、关爱地球、走进校园"地球日活动（赵文津院士主讲，约八千名师生参加），矿产资源研究所与新疆若羌县第一小学共建"地学科普教育室"，大陆构造与动力学国家重点实验室暑期向社会公众开放，《华北平原地下水与环境漫话——地球上的一片绿叶》（石建省等）和《神奇的孢子和花粉》（杨振京等）、《山崩地裂——认识滑坡、崩塌与泥石流》（张春山等）荣获 2015 年全国国土资源优秀科普图书。

中国地质科学院获得全国科技活动周组委会办公室表彰

许志琴院士作"生命地球"讲座

赵文津院士在人大附中作讲座

尼泊尔 M_S 8.1 级强烈地震学术报告会在京举行

2015 年 4 月 25 日 14 时 11 分，尼泊尔（北纬 28.2 度，东经 84.7 度）发生 M_S 8.1 级地震，震源深度 20 千米。尼泊尔方面受灾严重。受此波及，西藏日喀则市吉隆县、聂拉木县等地震感强烈，有部分房屋倒塌。4 月 29 日，中国地质科学院举办了尼泊尔 8.1（M_S）级大地震学术报告会，交流探讨有关科学问题。地质研究所李海兵研究员作了题为"2015 尼泊尔 8.1 级大地震发震构造及其对周边地区的影响"的报告；地质力学所彭华研究员团队代表介绍了尼泊尔 8.1 级地震前后我国地应力台站实时监测情况；吴珍汉研究员介绍了"尼泊尔 8.1 级强地震形成机理及灾害效应"；中国地震局地球物理研究所陈运泰院士到会交流并从地球物理的角度介绍了尼泊尔博克拉地震的震源机制、地震破裂过程及与汶川地震的对比情况等，提出了值得关注的科学问题。

陈运泰院士参加学术交流

报告会上互动交流

东北老工业基地地质找矿研讨会成功召开

2015 年 8 月 24～25 日，中国地质科学院中与国地质调查局沈阳地质调查中心在沈阳联合召开了东北老工业基地地质找矿研讨会。中国地质调查局党组成员、中国地质科学院党委书记、副院长王小烈出席会议并讲话，沈阳中心主任陈仁义主持会议开幕式并致辞；中国工程院院士陈毓川，中国科学院院士莫宣学，中国地质大学（北京）校长邓军，国土资源部科技与国际合作司处长马岩，中国地质调查局相关部（室）、中国地质科学院及所属研究所（中心）、沈阳地质调查中心、国土资源部矿产勘查技术指导中心、辽宁省有色地质局等单位（部门）的领导，以及长期从事东北地区区域地质调查、矿产资源勘查评价、地质科学研究等的专家学者 60 余人参加了会议。会上，共交流了 17 个学术报告，涵盖区域构造和深部过程，能源和固体矿产，重要成矿带、整装勘查区和老矿山，地球物理、地球化学勘查技术方法等。学术报告与讨论交流穿插进行，与会院士、专家围绕东北地质找矿重大问题、国家科技项目申报、产－学－研项目链设置及地调科研一体化等展开了热烈研讨，在大区中心业务定位、地调科研融合机制、联合申报国家科技项目、任务带学科、保持研究方向与队伍相对稳定，以及东北地区地质找矿主攻方向、存在的区域地质构造与成矿重大问题等达成共识。

东北老工业基地地质找矿研讨会现场

中国地质科学院召开"三严三实"专题教育动员大会

中国地质科学院"三严三实"专题教育动员大会

2015 年 5 月 29 日，中国地质科学院召开"三严三实"专题教育动员大会，安排部署"三严三实"专题教育工作。中国地质调查局党组成员、中国地质科学院党委书记、副院长王小烈以"践行中央要求，争做三严三实表率"为主题，为全院党员领导干部上了一堂语言朴实、思想深刻的专题党课，并对全院开展"三严三实"专题教育作动员部署。院党委副书记、常务副院长朱立新主持会议。会议以视频会议的形式召开，院属京外单位设分会场。院党委成员、院机关全体党员干部、院属在京各单位副处级以上党员干部在主会场听取报告。

中国地质科学院京区工会召开第二次代表大会

2015 年 5 月 26 日，中国地质科学院京区工会第二次代表大会在百万庄大院召开。会议听取和审议了第一届工会委员会及经费审查委员会工作报告，选举产生了第二届工会委员会和经费审查委员会。中国地质调查局党组成员、中国地质科学院党委书记、副院长王小烈出席会议并对做好新时期工会工作提出四点意见：围绕中心，服务大局，充分发挥工会的组织优势；上下联动，重心下沉，激发基层组织活力；转变观念，创新载体，组织开展丰富多彩的文化活动；健全机制，强化管理，加强工会自身建设。院党委副书记、常务副院长朱立新及院属京区单位相关领导出席会议。中国地质调查局组群处处长、机关工会副主席黄海到会指导。经过选举，于秀文等 7 人当选第二届工会委员会委员，于秀文、李朋武分别当选第二届工会委员会主席、副主席。安琴等 3 人当选第二届经费审查委员会委员，龚会义当选为第二届经费审查委员会主任。院京区工会的 82 名会员代表参加了会议。

院京区工会第二次代表大会会场

职工代表投票

10 年度发表论著及出版期刊

2015 年全院发表学术论文 1034 篇，其中第一作者 SCI 检索论文 378 篇（同比增长 64.89%）、EI 检索论文 76 篇，国内核心期刊论文 497 篇，出版专著 19 部。

中国地质科学院（包括院属单位）和中国地质学会（办事机构挂靠中国地质科学院）主办 10 种学术期刊，包括《地质学报（英文版）》（SCI 检索刊物）、《地质学报（中文版）》（EI 检索刊物）、《地球学报》、《矿床地质》、《地质论评》、《中国岩溶》、《岩矿测试》（CA 收录刊物）、《岩石矿物学报》、《地质力学学报》（中文核心期刊）、《地下水科学与工程》（英文版）。

2015 年，中国地学期刊网（http://www.geojournals.cn/）使用效果显著。目前是国内地学界唯一的容纳期刊最多的网站。同时，该网站还吸引了大批的海外读者，网站统计显示海外访客来自于美国、加拿大、德国、澳大利亚、日本、蒙古等十余个国家，网站海外显示度日益增加，突破了新语障。

《地质学报（英文版）》（ACTA GEOLOGICA SINICA（English Edition））：由中国地质学会主办，创刊于 1922 年，原名《中国地质学会志》，是我国历史最悠久的科技期刊之一。现为双月刊，现任主编为西北大学舒德干院士，编委 56 人，国际编委 24 人。国内网站数据库专家 1995 人，Wiley-Blackwell 网站数据库专家 580 人。刊物多次获得科技部、中宣部和新闻出版总署的表彰，2001 年入选中国科技期刊方阵，自 2006 ~ 2012 年连续荣获中国科协 A 类精品期刊工程资助；2010 ~ 2011 年得到国家自然科学基金委员会"重点学术期刊专项基金"资助；2012 ~ 2015 年连续荣获财政部、中国科协"中国科技期刊国际影响力提升计划一等奖"，每年资助 200 万元。近年来，刊物在国际化的进程中步伐大大加快。连续被美国科技情报研究所的《科学引文索引》（SCI、CA）等十多家著名文摘或数据库选为源期刊。2012 ~ 2015 年连续荣获"中国最具国际影响力的学术期刊"称号；2013 年荣获国家新闻出版广电总局"百强报刊"称号；2014

年被北京市印刷工业产品质量监督检验站评为优等印刷品。这些是刊物长期以来重视科技期刊国际化建设的结果，也标志着刊物质量水平达到了一个新的高度。

2014 年度该刊影响因子为 1.682，引文频次为 2705 次。登载的论文水平，基本上与国际刊物的论文水平接轨；共出版 6 期，1956 页；收稿总数 310 篇，刊发论文 132 篇，NEWS12 篇；刊发各类基金论文比 93%，海外论文比 21%，国外论文主要来自韩国、印度、南非、马来西亚、伊朗、俄罗斯等国，扩大了刊物的国际影响。

网址：

国内：http://www.geojournals.cn/dzxbcn/ch/index.aspx

国外：http://onlinelibrary.wiley.com/doi/10.1111/acgs.2014.88.issue-5/issuetoc

《地质学报（中文版）》（ACTA GEOLOGICA SINICA）：由中国地质学会主办，其前身为《中国地质学会志》，是中国最早的科技期刊之一。它以反映中国地质学界在地质科学的理论研究、基础研究和基本地质问题方面的最新、最重要成果为主要任务，兼及新的方法和技术。《地质学报（中文版）》现为月刊，主编为中国地质科学院莫宣学院士。该刊是国内外多家文摘或数据库的源期刊，被 EI、美国汤森路透 Zoological Record，Biological Abstracts，BIOSIS Previews 数据库、Scopus 数据库收录；多次获得科技部、中宣部和新闻出版总署的表彰，2001 年入选中国科技期刊方阵，2005 年获国家期刊奖，2006～2015 年连续赢得中国科协 B 类精品期刊工程资助。2012 年起连续荣获中国最具国际影响力学术刊物称号，2014 年获全国百强刊物称号。

2015 年度发表论文 183 篇，共 2500 页，基金论文比达 98%，其中超过半数为重大科研项目（如"973"计划项目或国家自然科学基金项目）支持的成果，为展示国家科技成果提供了广阔的舞台。2015 年分别与中国地质学会青年工作委员会、IGCP/SIDA-600 国际地学合作项目、同位素专业委员会和国家"973"计划"中国陆块海相成钾规律及预测研究"项目组进行合作，出版了四期专辑，分别是第 3、9、10、11 期，为学科发展提供了动力。2014 年度该刊核心影响因子为 1.435，总被引频次为 4491 次，综合评价总分 65.4，影响因子、总被引频次及综合评价总分在地质科学类排名分别为第 6 位、第 2 位和第 2 位。《地质学报（中文版）》一直常年吸引着众多作者投稿，投稿量居高不下，退稿率颇高。

网址：http://www.geojournals.cn/dzxb/ch/index.aspx

《地质论评》(GEOLOGICAL REVIEW)：由中国地质学会主办，创刊于1936 年，一直以爱国、争鸣为办刊宗旨。刊头图案，缺右上残左下，为创刊之时东北遭侵吞，西南被蚕食，一直沿用至今，表达了我国地质学家的忧国爱国之情。《地质论评》现为双月刊，以论、评、述、报为特色，主编为中国地质科学院地质研究所杨文采院士。

《地质论评》是中文核心期刊，曾获得科技部、新闻出版总署、中国科协的国家期刊提名奖、优秀科技期刊奖、双奖期刊称号，被国内外众多检索系统收录。在中国科技情报研究所的"中国科技期刊论文统计分析"中，其影响因子、总被引频次等指标多年来均位居前列；2006 年入选中国科学技术协会精品科技期刊工程；2009 年被中国科学技术信息研究所评为中国百种杰出学术期刊；2012 年荣获中国最具国际影响力学术刊物称号；2015 年度共收到稿件 376 篇，正式发表论文 128 篇，通讯资料和消息报道十多篇。据中国科技情报研究所统计，2014 年度该刊影响因子为 1.155，总被引频次 2772，综合评价总分 66.9，综合评价总分在地质学类期刊中排名第 5。

网址：http://www.geojournals.cn/georev/ch/index.aspx

《地球学报》(ACTA GEOSCIENTICA SINICA)：是中国地质科学院主办，由科学出版社出版的双月学术期刊。该刊是中国科技核心期刊、全国自然科学核心期刊、全国中文核心期刊、中国科技论文统计源期刊、中国科技期刊精品数据库收录期刊、中国科学引文数据库核心库来源期刊、首批"中国精品科技期刊"，进入 SCI 总被引频次 100 以上中国期刊排行榜。收录《地球学报》的国外著名检索系统有：美国工程索引、俄罗斯文摘杂志、美国化学文摘、美国剑桥科学文摘网站、美国 GeoRef 评论数据库、波兰哥白尼索引、美国 ISI Web of Knowledge、日本科学技术文献数据库、荷兰文摘与引文数据库、美国乌利希期刊指南、英国动物学记录。2013 ～ 2014 年被 EI 检索；2012 ～ 2014 连续三年被评为"中国最具国际影响力学术期刊"；2015 年被评为"中国权威学术期刊(RCCSE)"；获 2015 年度科学出版社"期刊出版质量优秀奖"。2014 年度该刊核心总被引频次 1992 次，核心影响因子 1.596，在全国 2383 种核心期刊中影响因子排名第 59 位。

作为中国地质科学院树立其学术形象的重要窗口，《地球学报》力图充分展示院综合学术水平和科研竞争实力，2015 年刊载"中国地质调查局、中国地质科学院 2014 年度地质科技十大进展"全文 6 篇，同时刊载以"地质科技十大进展"为主线的封面照片和封面故事；全年共出版正刊 6 期，刊载论文 84 篇，各

类信息快报 22 篇，共 812 页。《地球学报》同时发布网络电子版，在编辑部网站上实时提供免费全文浏览下载。

网址：http://www.cagsbulletin.com

《矿床地质》（MINERAL DEPOSITS）： 创刊于 1982 年，双月刊，由中国地质学会矿床地质专业委员会和中国地质科学院矿产资源研究所主办，是中国唯一报道矿床学最新研究成果的期刊，内容包括矿床地质特征及与矿床有关的岩石学、矿物学、地球化学研究成果和科学实验成果及新技术、新方法。被《Chemical Abstracts》、《CSA Technology Research Database》、《Реферативный журнал》（俄罗斯文摘杂志）、《中国期刊全文数据库》(CNKI)、《中国科学引文数据库》(CSCD)、《中文科技期刊全文数据库》、《数字化期刊 — 期刊论文库》、《数字化期刊 — 期刊引文库》、《中国地质文摘》、《全国报刊索引 — 自然科学技术版》、《有色金属文摘》和《中国学术期刊文摘》等检索期刊及数据库收录。

2015 年度收到正刊稿件 293 篇，刊出 82 篇，并始终保持基金项目的较高比例。2014 年度该刊影响因子为 1.46，位居地学类期刊第 6 名，全国 2383 余种科技期刊第 78 名，总被引频次 2579 次。《矿床地质》获得中国科协的精品期刊工程的资助，编辑部完成了"期刊学术质量提升项目 —— 矿床地质"的年度计划，还参与了"领跑者 5000 —— 中国精品科技期刊顶尖论文"项目，根据中国科技论文引文数据库（CSTPCD）单篇文章定量评估与同行评议或期刊推荐相结合的方法，有 2 篇发表在《矿床地质》2014 年的论文入选。2015 年再次获得"中国最具国际影响力学术期刊"称号，编辑部网站 2015 年点击率近六百五十万次。

网址：http://www.kcdz.ac.cn/ch/index.aspx

《岩石矿物学杂志》（ACTA PETROLOGICA ET MINERALOGICA）： 由中国地质学会岩石学专业委员会、矿物学专业委员会、中国地质科学院地质研究所联合主办的学术性期刊，创刊于 1982 年。2005 年起改为双月刊，现任主编为中国地质科学院地质研究所侯增谦研究员。《岩石矿物学杂志》主要报道岩石学、矿物学各分支学科及有关边缘交叉学科的基础理论和应用研究成果，创造性和综合性研究成果，岩石和矿物鉴定的新方法、新技术和新仪器以及与有关的最新地质科技信息；是国内外多家检索系统和文摘的源期刊，被国内的《全国报刊索引数据库》（自然科学技术版）、《中国地质文献数据库》、《中国地质文摘》、《中国地质文摘》（英文版）、《中国化学化工文摘》、中国科技论文统计与引

文分析数据库（CSTPC）、中国科学引文数据库（CSCD）、《中国学术期刊综合评价数据库》、《中文科技期刊数据库》（重庆维普）、台湾中文电子期刊思博网和国际的 AJ、BIG、CA、GEOREF、CSA 等收录。

2015 年度共发表论文 88 篇，共 1014 页。网站点击率累计已过 283 万次，在地学类学术期刊中受关注程度较高。2014 年度该刊影响因子 0.695，总被引频次 1138，他引率达 0.91，在同专业领域期刊中排名较前。

网址：http://www.yskw.ac.cn/

《岩矿测试》（ROCK AND MINERAL ANALYSIS）：1982 年创刊，由中国地质学会岩矿测试专业技术委员会和国家地质实验测试中心共同主办，是中国唯一的地质分析测试专业杂志，所载内容反映了中国地质物料分析测试的水平。

该刊紧密结合国内外地学研究的热点和发展方向，以发表优秀的地质与地球化学分析研究成果为核心目标，报道国内外地质科学及相关领域的基础性、前瞻性和创新性研究成果，为推动地质分析测试技术进步提供支持。近年来，聚焦现代各类分析测试技术的研究成果和重要创新，刊载文章的学术质量、参考价值和国际显示度得到了显著提升。荣获 2015 年度科学出版社首届"期刊出版质量优秀奖"，入选《中国学术期刊评价研究报告（2015～2016）》的"RCCSE 中国核心学术期刊"。已被《化学文摘》、《文摘杂志》、《剑桥科学文摘》、《乌利希期刊指南》、《史蒂芬斯数据库》、《分析文摘》、《中国科学引文数据库》（CSCD）、《中国期刊网》（CNKI）、《中文科技期刊全文数据库》、《万方数据——科技化期刊群》等近 20 种国内外检索系统收录。

定期组织了专家现场审稿会和举办作者培训班，帮助作者启发科研思维提高写作能力，也保证了文章的内容质量和可读性。注重学术的创新，开拓了多种相互匹配的渠道表现刊物的先进性，着力满足读者对学术动态、研究方向、发展趋势等方面的文献需求。2015 年发表论文 104 篇，共 724 页，退稿率 50%，论文包括科技部重大专项、国家自然科学基金、国土资源部公益性行业科研专项、地质调查项目、地质行业各部门设立的基金。2014 年度该刊影响因子为 1.064，总被引频次为 1289 次。网站访问量超过 48 万次。

网址：www.ykcs.ac.cn/ykcs/ch/index.aspx

《中国岩溶》（CARSOLOGICA SINICA）：创办于 1982 年，季刊，由中国地质科学院岩溶地质研究所主办，联合国教科文组织国际岩溶研究中心、中国

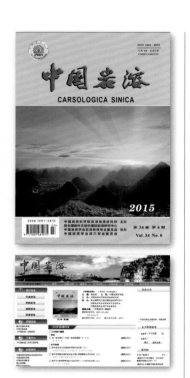

地质学会岩溶专业委员会、中国地质学会洞穴专业委员会协办的我国唯一公开出版的岩溶学术刊物，为全国中文核心期刊、中国科学引文数据库（CSCD）收录期刊、中国科技核心期刊，曾多次被评广西优秀期刊、中国期刊方阵"双效期刊"，并被美国化学文摘（CA）、美国地质文献数据库（GeoRef）、美国剑桥科学文摘（CSA）、日本科学技术振兴机构数据库（JST）、波兰哥白尼索引（IC）、美国乌利希国际期刊指南（UIPD）、及美国汤姆森 Gale 数据库、美国国会图书馆等国际著名的文献检索数据库及国内的中国科技论文与索引数据库（CSTPCD）、中国学术期刊全文数据库（CJFD）等收录。

创刊近 30 多年来，《中国岩溶》始终积极面向国民经济建设，及时宣传报道我国岩溶科学技术研究新成果，在促进我国岩溶地质学科发展的同时，也为岩溶地区经济建设提供了强有力的技术支持。据中国期刊全文数据库统计，《中国岩溶》复合影响因子为 0.865，综合影响因子 0.602。

2015 年《中国岩溶》由原来的季刊变更为双月刊，共出版 6 期，刊出论文86 篇（648 页），内容多为当前岩溶地区经济社会建设所关注或遇到的热点、难点问题，学术性强，应用价值大。

网址：http://zgyr.karst.ac.cn/ch/index.aspx

《地质力学学报》（ JOURNAL OF GEOMECHANICS ）：创刊于 1995 年，由中国地质科院地质力学研究所主办，以"弘扬李四光学术思想，求实、创新、发展"为办刊宗旨，是反映地质力学领域科研成果的对外窗口。主要报道地壳运动与大陆地质构造及其动力机制等方面的前沿动态和基础理论研究成果，同时关注矿产资源勘查、地质灾害调查与防治、环境变迁规律等方面的应用科研成果。

《地质力学学报》是中国科技论文统计源期刊（中国科技核心期刊），中国学术期刊综合评价数据来源期刊，中国科技论文引文数据库的来源期刊，CNKI中国知识基础设施工程中国学术期刊综合评价数据库（CAJCED）统计源期刊，是"万方数据 — 数字化期刊群"全文上网期刊，被《中文科技期刊数据库》、《中国核心期刊（遴选）数据库》和 CNKI 中国知识基础设施工程中国期刊全文数据库(CJFD) 全文收录。2015 年，《地质力学学报》与北京中科期刊出版有限公司签订的"中国科技期刊开放获取平台（China Open Access Journals，COAJ）"期刊收录协议和期刊发行合作协议正式生效执行，所载论文在中国科技出版传媒股份有限公司（科学出版社）"地球与环境科学信息网"全文实时更新。

2015 年，该刊入选《中文核心期刊要目总览（第七版）》之地质学类核心期刊，标志着期刊质量的稳步提升；该刊核心综合评价指标在地质学类 35 种期刊中排名第 16，在力学类 17 种期刊中排名第 4。

2015 年，共刊登论文 57 篇，554 页。《地质力学学报》同时发布网络电子版，在编辑部网站上实时提供全文浏览下载。

网址：http://journal.geomech.ac.cn/ch/index.aspx

《地下水科学与工程》（英文版）（ Journal of Groundwater Science and Engineering ）： 是中国地质科学院水文地质环境地质研究所主办的自然科学综合性学术刊物，于 2013 年 4 月创刊，英文季刊。刊登水文地质、环境地质、地下水资源、农业与地下水、地下水资源与生态、地下水与地质环境、地下水循环、地下水污染、地下水开发利用、水文地质标准方法、地下水信息科学、气候变化与地下水等学科领域的优质稿件。

2015 年发表论文 39 篇，共 374 页，并入选国际六大数据库之一的俄罗斯《文摘杂志》，借此该刊的国际影响力将大大提升。在世界经济萧条，AJ 经费短缺的背景下该刊被收录，标志着水文地质科学日益受到国际重视，我国的研究水平得到了国际同行的认可。该刊还入选了世界著名地学数据库检索系统《GeoRef 数据库》。

网址：http://gwse.iheg.org.cn 。

（注：期刊影响因子根据 2015 年中国科学技术信息研究所发布的中国科技期刊引证报告，SCI 数据库等）

中国地质科学院

地址：北京市西城区百万庄大街 26 号

邮编：100037

网址：http:///www.cags.ac.cn

联系电话：010-68335853

传真：010-68310894